DANJING JINGANGSHI DAOJU
JINGZHUN RENMO KONGZHI JISHU

单晶金刚石刀具
精准刃磨控制技术

马海涛　冯雪雯　吴佳玉　著

化学工业出版社
·北京·

内容简介

针对单晶金刚石刀具刃磨过程中振动严重影响刀具质量，单晶金刚石极高的硬度、耐磨性、各向异性显著呈现出易磨方向和难磨方向等特点，本书以DAP-Ⅵ型单晶金刚石机械刃磨设备为实验平台，以单晶金刚石圆弧刀具为研究对象，首先将刃磨过程的振动、声发射信号分析技术综合应用于单晶金刚石刀具刃磨控制技术中，研究刃磨过程声音信号、振动信号分析处理方法，建立特征参数与刃磨方向之间的映射关系，确定特征参数，并搭建系统模型；其次，提出了基于改进粒子群算法优化径向基函数神经网络的多信息融合刀具刃磨方向在线识别方法，在此基础上，提出了基于步进搜索法的刀具刃磨方向在线优化控制方法；再次，提出了一种基于模糊神经网络-鲁棒-内模控制的刀具刃磨振动控制方法；最后，研制了单晶金刚石刀具刃磨控制系统。

本书适合机械、光学、自动化、检测技术等相关领域科研人员参考。

图书在版编目（CIP）数据

单晶金刚石刀具精准刃磨控制技术 / 马海涛，冯雪雯，吴佳玉著． -- 北京 ：化学工业出版社，2025. 5.
ISBN 978-7-122-47607-4

Ⅰ. TG71

中国国家版本馆 CIP 数据核字第 20258A4Z14 号

责任编辑：廉　静
文字编辑：徐　秀
责任校对：王鹏飞
装帧设计：王晓宇

出版发行：化学工业出版社（北京市东城区青年湖南街13号　邮政编码100011）
印　　装：北京科印技术咨询服务有限公司数码印刷分部
710mm×1000mm　1/16　印张10　字数153千字
2025年6月北京第1版第1次印刷

购书咨询：010-64518888
售后服务：010-64518899
网　　址：http://www.cip.com.cn

定　　价：68.00元

制造业是国家经济发展的重要支柱，而超精密加工技术在其中扮演着关键角色。超精密加工技术是衡量一个国家制造业水平的重要标志之一，是发展先进制造技术的基础。超精密加工技术已成为在激烈的国际竞争中取得成功的关键技术，受到各国学者的广泛关注和研究。从核能、激光、微电子光学、微电子、航空航天到医疗器械等领域，超精密加工技术的应用，提高了关键零部件的加工精度。如今，超精密加工技术已渗透到更多领域，包括精密仪器设备、惯导级陀螺和激光核聚变系统等，展现出广泛的应用前景。随着超精密加工技术的不断发展，对超精密切削刀具的要求也日益提高。超精密切削刀具的精度和使用寿命被认为是制约超精密加工技术快速发展的关键因素之一。特别是在面对各种难切削复合材料、工程陶瓷和硬脆非金属材料时，对超精密切削刀具的需求变得更加迫切。单晶金刚石具有极高的硬度、良好的耐磨性以及优良的物理、化学、光学和材料性能，成为精密和超精密加工领域首选的刀具材料之一，单晶金刚石刀具以其纳米量级的刃口锋利度、极好的形状再现性和强抗磨损能力在制造加工领域受到了特别重视，被广泛应用于机械加工领域，尤其是超精密加工领域，单晶金刚石刀具的作用是无可替代的。但单晶金刚石具有质脆、易崩裂、高温下易产生热化学磨损和扩散磨损等特殊的物理化学特性，给单晶金刚石刀具的精密刃磨带来一定的困难。

我国目前尚未拥有成熟的单晶金刚石刀具刃磨设备，主要依靠进口国外的刀具来满足和支持军民产品的超精密切削加工技术需求。然而高精度的圆弧刃金刚石刀具一直被国外禁运，能进口的刀具价格昂贵且刃磨质量没有达到最高水平。随着工业的快速发展，单晶金刚石刀具需求量迅猛增加，也对刀具刃磨技术提出了更高的要求。目前，我国单晶金刚石刀具的超精密刃磨技术自动化程度较低，急需解决机械刃磨中的"瓶颈"问题，例如刀具在线定向技术、检测技术和优化控制技术等，这些技术的突破对提升我国单晶金刚石机床的自动化水平具有重要意义。

刀具刃磨的工艺经验表明，在单晶金刚石刀具刃磨过程中，刃口质量受很多工艺参数的影响，其中刀具的振动是刀具刃磨过程中最大的问题，可让刀具和研磨盘之间产生多余的相对运动，这种相对运动会大大影响刀具钝圆半径和刃口表面粗糙度，甚至会使刀具在刃磨过程中出现崩口等缺陷，大大影响刀具刃磨质量；同时，极高的硬度和耐磨性也意味着单晶金刚石表层材料难以去除，给单晶金刚石刀具的刃磨制备带来了困难，单晶金刚石的各向异性显著，在不同晶面、晶向上的硬度和耐磨性有很大的不同，呈现出易磨方向和难磨方向。鉴于此，为提高刀具刃磨效率和刃磨质量，并防止刃磨过程中刀具崩刃及相变缺陷，本书以DAP-VI型单晶金刚石机械刃磨设备为实验平台，以单晶金刚石圆弧刀具为研究对象，将刃磨过程的振动、声发射信号分析技术综合应用于单晶金刚石刀具刃磨控制技术中，研究单晶金刚石圆弧刀具分度刃磨过程方向在线识别及优化方法、刀具刃磨过程振动控制方法、研制单晶金刚石刀具刃磨控制系统，搭建上位机监控界面，为信号的采集处理分析、刃磨过程刀具方向在线识别、刃磨过程刀具方向在线定位寻优及刀具振动控制提供了软硬件平台。

本书提出的研究方法，理论和试验借助的研究手段涉及多学科，由于著者水平有限，本书存在不足之处，希望各位读者朋友批评指正。

著者

2025 年 2 月

C O N T E N T S

第1章 相关理论及发展现状 ·· 001

1.1 单晶金刚石晶体特性及晶体结构 ································· 003

1.2 单晶金刚石典型晶面及晶向 ······································ 004

1.3 单晶金刚石刀具的加工方法 ······································ 006

1.4 国内外发展现状 ··· 009

    1.4.1 单晶金刚石刀具刃磨水平和设备的发展现状 ············ 009

    1.4.2 单晶金刚石晶体定向方法的研究现状 ···················· 011

    1.4.3 单晶金刚石刀具状态监测技术的发展现状 ··············· 012

    1.4.4 单晶金刚石刀具振动信号控制方法发展现状 ············ 015

1.5 单晶金刚石刀具性能的主要技术指标 ·························· 017

    1.5.1 刃口钝圆半径 ··· 017

    1.5.2 刀具表面粗糙度 ··· 018

第2章 刃磨过程信号分析处理方法及系统建模 ············· 021

2.1 表征刀具刃磨方向状态信息特征信号选择 ·················· 022

2.2 刃磨过程刀具特征信号去噪处理 ······························· 023

    2.2.1 小波包分析理论 ··· 023

    2.2.2 小波包阈值去噪方法 ·· 026

    2.2.3 小波包阈值去噪方法的改进 ································· 027

    2.2.4 小波包去噪仿真结果分析 ···································· 028

2.3 刃磨过程刀具振动信号特征分析 ······························· 031

2.4 振动信号和声发射信号特征参数分析 ························· 038

2.4.1　特征参数分析方法 ·· 038

2.4.2　刀具振动信号特征分析 ·· 041

2.4.3　刀具声发射信号特征分析 ····································· 046

2.5　系统建模 ··· 048

2.5.1　步进电机系统建模 ·· 049

2.5.2　刃磨压力与力臂长度关系建模 ······························ 051

2.5.3　刃磨压力与刀具振动之间关系建模 ······················ 052

本章小结 ··· 054

第3章　刃磨过程刀具方向在线识别及优化方法 ····················· 057

3.1　径向基神经网络概述 ··· 058

3.1.1　径向基神经网络结构 ··· 058

3.1.2　径向基神经网络的学习算法 ·································· 060

3.2　基于 RBF 神经网络的刀具方向识别模型的构建 ············ 062

3.2.1　刀具方向识别模型 ·· 062

3.2.2　基于 RBF 神经网络模型实验验证 ························· 064

3.3　RBF 神经网络的改进 ·· 067

3.3.1　粒子群算法 ··· 067

3.3.2　粒子群算法参数及改进 ·· 068

3.3.3　改进后粒子群算法的性能测试 ······························ 070

3.3.4　基于 IPSO-RBF 的刀具刃磨方向在线识别模型 ········· 074

3.3.5　基于 IPSO-RBF 的刀具在线识别模型实验验证 ········· 076

3.4　单晶金刚石刀具分度刃磨 ··· 081

3.5　刀具刃磨方向的在线优化方法 ····································· 082

3.5.1　自动搜索寻优控制基本原理 ·································· 083

3.5.2　自动搜索寻优控制的实现方法 ······························ 084

3.5.3　刀具刃磨轨迹模型 ·· 086

3.5.4　刀具刃磨位置与刃磨线速度方向的关系分析 ············ 087

3.5.5　刀具刃磨方向的在线优化 ····································· 088

　　　3.5.6　构造刀具刃磨方向的偏差函数 ·· 089

　　　3.5.7　基于步进搜索法的刀具刃磨方向在线优化及实验分析········ 090

　本章小结··· 093

第4章　刃磨过程刀具振动信号控制方法 ······································· 095

　4.1　刃磨振动控制方法 ··· 096

　　　4.1.1　影响刀具刃磨振动相关扰动 ··· 096

　　　4.1.2　刀具刃磨振动控制思路及实施方式 ································· 097

　4.2　内模控制方法 ·· 098

　　　4.2.1　内模控制结构及控制器设计 ··· 098

　　　4.2.2　内模控制特性理论分析 ···100

　　　4.2.3　内模控制的优势与不足 ···101

　4.3　采用模糊神经网络改进内模控制 ··102

　　　4.3.1　模糊控制 ···102

　　　4.3.2　模糊神经网络 ··103

　　　4.3.3　模糊神经网络的优势 ··104

　4.4　模糊神经网络与内模控制相结合 ··104

　　　4.4.1　控制结构与原理 ···104

　　　4.4.2　FNN-IMC 控制方法仿真分析 ··106

　4.5　模糊神经网络鲁棒内模控制方法 ··109

　　　4.5.1　优化控制结构与原理 ··109

　　　4.5.2　鲁棒内模控制结构设计 ···110

　　　4.5.3　鲁棒控制器 $G_{c_2}(s)$ 设计 ·· 111

　　　4.5.4　FNN-Robust-IMC 控制方法仿真分析 ····························112

　本章小结 ···115

第5章　单晶金刚石刀具刃磨过程控制系统 ·································117

　5.1　系统实现的总体思路 ···118

　5.2　系统硬件组成 ···120

　　5.2.1　信号采集电路 ·· 122

　　5.2.2　滤波电路 ··· 125

　　5.2.3　转换电路 ··· 129

　　5.2.4　执行电路 ··· 130

　5.3　上位机监控界面设计 ·· 131

　　5.3.1　LabVIEW 简介 ··· 132

　　5.3.2　监控界面功能 ··· 132

　　5.3.3　LabVIEW 界面设计 ·· 134

　5.4　实验分析 ·· 140

　　5.4.1　采样间隔选择 ··· 140

　　5.4.2　测点选择 ··· 141

　　5.4.3　实验过程及结果 ··· 141

　本章小结 ·· 143

参考文献 ··· 144

单晶金刚石刀具
精准刃磨控制技术

第 **1** 章
相关理论及
发展现状

1.1 单晶金刚石晶体特性及晶体结构

1.2 单晶金刚石典型晶面及晶向

1.3 单晶金刚石刀具的加工方法

1.4 国内外发展现状

1.5 单晶金刚石刀具性能的主要技术指标

天然金刚石具有硬度高、耐磨性好、强度高和导热性好等优良物理特性，以及优良的抗腐蚀性和化学稳定性，在切削加工时不易黏刀和产生积屑瘤，可以刃磨出极其锋利的刃口，其碳原子间形成的连接键-sp^{3}杂化共价键[1]。这种特殊的键合方式赋予刀具极强的结合力，确保在加工过程中不易断裂或变形。这些特点使得天然金刚石在现代切削加工领域展现出无法替代的优势。因此单晶金刚石刀具被誉为当代提高生产率最有希望的刀具之一，在超精密加工领域有着重要地位，得到广泛应用[2]。

单晶金刚石刀具之所以表现出卓越性能的核心在于刀具的刀刃形状，有小圆弧修光刃、直线修光刃和圆弧修光刃三种类型。国内多采用前两种，制造简单但对刀复杂；国外多采用圆弧修光刃，制造研磨困难但使用方便。单晶金刚石圆弧刀具在制造加工领域备受重视，其刃磨方式多样，包括机械刃磨法[3]、化学抛光法[4]、离子和激光刻蚀法[5]等。机械刃磨法[6]作为最受欢迎的方法，被认为是一种简便高效的方法。机械刃磨法在单晶金刚石圆弧刀具的制备过程中发挥着重要作用，为刀具的精密刃磨提供了有效的解决方案。目前，相比国外先进技术，单晶金刚石刀具的机械刃磨方法在生产工艺方面显得相对落后、自动化程度较低。在单晶金刚石刀具的刃磨过程中，研磨压力、刀具振动和温度等诸多工艺参数会影响刃口质量[7]。特别是刀具振动问题成为影响刃磨质量的关键因素之一，会导致不必要的相对运动，严重影响刀具的钝圆半径和表面粗糙度。此外，振动可能导致刀具出现崩口等缺陷，大大降低刀具的刃磨质量和使用寿命。因此，在刃磨过程中控制刀具的振动至关重要。

我国目前尚未拥有成熟的单晶金刚石刀具刃磨设备，主要依靠进口国外的刀具来满足和支持军民产品的超精密切削加工技术需求。然而高精度的圆弧刃金刚石刀具一直被国外禁运，能进口的刀具价格昂贵且刃磨质量没有达到最高水平。随着工业的快速发展，对单晶金刚石刀具需求量的迅猛增加，也对刀具刃磨技术提出了更高的要求。目前，我国单晶金刚石刀具的超精密刃磨技术自动化程度较低，急需解决机械刃磨中的"瓶颈"问题，例如刀具在线定向技术、检测技术和

单晶金刚石刀具
精准刃磨控制技术

控制技术。这些技术的突破对提升我国单晶金刚石机床的自动化水平具有重要意义。

1.1
单晶金刚石晶体特性及晶体结构

单晶金刚石是一种硬脆材料,硬度高、耐磨性强,能有效避免刀尖磨损对工件尺寸的影响。此外,它的导热性好,热膨胀系数低,切削加工时热变形不大。因此非常适合作为精密加工和超精密加工的工具材料。单晶金刚石加工成刀具,刃面粗糙度较小,可达到$Ra0.04 \sim 0.012\mu m$,刃口极其锋利,可达到$Ra0.01 \sim 0.006\mu m$,适合进行薄层切削。另外,单晶金刚石的摩擦因数较低,切削时不容易产生积屑,表面质量较高,可用于加工有色金属,加工精度可达到 IT5以上。它的具体物理特征参数如表 1-1 所示。

表 1-1 单晶金刚石物理特征参数表

物理性能	数值
硬度	$60000 \sim 100000MPa$,随晶体方向和温度而定
抗弯强度	$210 \sim 490MPa$
抗压强度	$1500 \sim 2500MPa$
弹性模量	$(9 \sim 10.5) \times 10^{12}MPa$
热导量	$8.4 \sim 16.7J/(cm \cdot s \cdot ℃)$
质量热容	$0.156J/(g \cdot ℃)$(常温)
开始氧化温度	$900 \sim 1000K$
开始石墨化温度	1800K(在惰性气体中)
和铝合金、黄铜间的摩擦因数	$0.05 \sim 0.07$(在常温下)

单晶金刚石是一种典型的原子晶体[8]，晶体格架是由四面体组成的立方面心结构。如图 1.1 所示，在金刚石晶体中，每个碳原子通过 sp^3 杂化轨道与四个碳原子形成共价单元，其交角为 109°28′，键长为 $1.55×10^{-10}m$。这样形成由 5 个碳原子构成的正四面体结构单元。每个碳原子都是正四面体的中心，周围四个碳原子又在四个顶点上，因此在空间上形成连续坚固的骨架结构。由于共价键难以变形，C—C 键能大，所以金刚石硬度和熔点都很高，化学稳定性好。共价键中的电子被束缚在化学键中不能参与导电，所以金刚石是绝缘体。

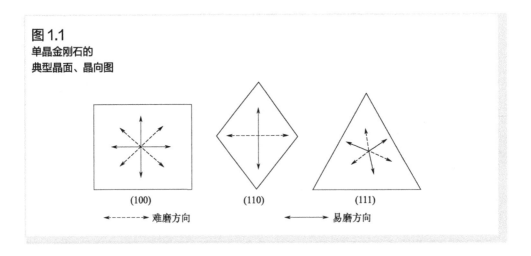

图 1.1
单晶金刚石的
典型晶面、晶向图

(100)　　　　　(110)　　　　　(111)

◄- - - - - ► 难磨方向　　　　　◄────► 易磨方向

1.2

单晶金刚石典型晶面及晶向

单晶金刚石晶体具有各向异性，不同晶面、晶向上的性能差异很大。

（1）单晶金刚石的典型晶面

单晶金刚石的典型晶面为（100）、（110）和（111）晶面。（100）晶面表面能高和沿晶能低，使得它易于加工和切割，常用于制备钻头和刀具等。（110）晶面在单晶金刚石中占较大比例，具有较高的表面能和沿晶能，因此较难加工和切割，尽管如此，由于其高温高压领域的优异性能，也被用于制备高温高压综合材料和钻石陶瓷等。（111）晶面是单晶金刚石中最稳定的晶面，其表面能和沿晶能均较低，易于晶体生长，且光学性质稳定、硬度极高，常用于制作光学元件和光学窗口等。

由于（111）晶面硬度过高，难以刃磨出锋利的切削刃，通常避开（111）晶面选择单晶金刚石刀具的前后刀面。选择不同晶面作为刀具的刃磨面可获得不同性能的单晶金刚石刀具。单晶金刚石刀具选用（100）晶面作为刀具的前、后刀面强度较高；选用（110）晶面作为刀具的前、后刀面抗机械磨损性能较高；选用（110）、（100）晶面分别作为刀具的前、后刀面抗化学磨损性能较高。综合考虑刃磨的质量和效率，采用（100）晶面作为刀具的前后刀面，容易刃磨出高质量的刀具刃口，微观强度高，不易出现微观崩刃现象。因此，本书以金刚石（100）晶面为代表进行实验研究和分析。

（2）单晶金刚石刃磨方向与磨削率的关系

在实际刃磨单晶金刚石刀具中，刃磨方向是影响单晶金刚石刀具磨削率的关键因素。而单晶金刚石晶体的各向异性，不仅体现在各晶面的耐磨性有差异，而且同一晶面的不同方向耐磨性也有差异。因此，在选择完晶面之后，需要选择晶面上合适的晶向，否则会影响磨削率和效果。李智[9]等人进行了单晶金刚石研磨效率试验，验证了在研磨面"好磨"与"难磨"方向上磨削率的差异性。以常用的单晶金刚石刀具材料八面体金刚石为例，典型的晶面、晶向上的易磨方向和难磨方向如图1.1所示。

如图1.2所示，金刚石晶体的三个晶面在不同晶向上刃磨时，对应的磨削率会产生变化。按照磨削率的大小,将刃磨方向大致分为三类:易磨方向、介于易磨和难磨之间的方向以及难磨方向。若刃磨方向处于易磨方向,则磨削率较高。若刃磨方向离开易磨方向,磨削率会明显降低。而当处于难磨方向时,就会出现打滑、振动、噪声和磨不动等情况,磨出的刀具锋利度和轮廓度都不会很理想。所以金刚石晶体在刃磨时一般选择易磨方向。

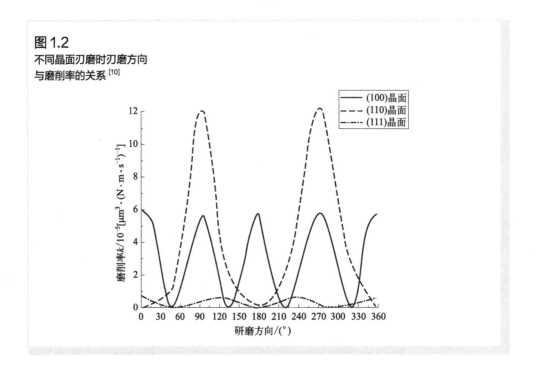

图1.2
不同晶面刃磨时刃磨方向
与磨削率的关系[10]

1.3
单晶金刚石刀具的
加工方法

目前,国内外单晶金刚石刀具刃磨加工方法主要分为非机械加工方法和机械加工方法两大类。非机械加工方法是近年来出现的新型金刚石材料加工方法，它通过金刚石材料与某种物质的化学反应或者与能量束相互作用来实现材料的去除和加工。具体的加工方式多样，须根据实际情况进行选择。这些方法的应用为单晶金刚石刀具的研磨提供了多样化的选择，确保了刀具磨削的高效性和质量稳定性。因此，在对单晶金刚石刀具进行研磨时，必须根据实际情况选择合适的方法，以确保刀具的性能和寿命得到最大程度的发挥。

① 机械研磨法[11]：通过在研磨盘上涂覆含有单晶金刚石微粒的研磨膏，然后进行研磨。传统的单晶金刚石刀具刃磨方法是机械刃磨法，它通过在铸铁研磨盘表面涂覆含有细微单晶金刚石微粒的研磨膏对刀具进行刃磨。这种方法被证明是一种有效的刃磨方法，可以通过研磨或者利用砂轮对刀具进行刃磨。机械刃磨法为单晶金刚石刀具提供了刃磨的重要手段，使刀具的性能得以提高并延长了其使用寿命。

② 离子束溅蚀法[12]：通过氩离子轰击刀具表面的碳原子，逐个移除碳原子，加速离子束轰击单晶金刚石刀具表面，使其表面原子或分子受到冲击而溅射或蒸发，实现刀具的修整、改变形状等加工操作，适用于生产极小的单晶金刚石刀具，离子束刻蚀可以实现高精度的加工和表面质量控制。

③ 无损伤机械化学抛光法[13]：是在氢氧化钠溶液中加入精细的单晶金刚石粉末和更精细的 Si 粉，在多孔制研磨盘上进行研磨，刮掉反应层。

④ 氧化刻蚀法[14]：是一种利用极高纯度 O_2 或含 O_2 水蒸气与高温下的单晶金刚石表面 C 原子发生化学反应的方法，化学反应形成的 CO 或 CO_2 会随氧气或水蒸气流排出，从而使刀具表面粗糙度值（Ra）降低到几个纳米级。

⑤ 真空等离子化学抛光法[15]：与无损伤机械化学抛光法原理相似，都是利用硅及其氧化物将碳原子氧化后去除，因此两种方法都具有高品质的刃磨效果，但是效率较低。

⑥ 化学辅助机械抛光与光整法[16]：用于改善刀具表面粗糙度，先通过传统机械刃磨法使表面粗糙度小于 1μm，然后再使用化学方法和机械抛光对刀具进行进一步修整。

⑦ 单晶金刚石刀具的刃磨质量和效率与刃磨工艺方法密切相关，普遍采用机械研磨法加工单晶金刚石刀具。

⑧ 电火花加工法[1]：通过在单晶金刚石刀具表面产生高温高压的电火花放电环境，使单晶金刚石晶格结构发生改变，从而实现刀具形状的加工和修整。这种方法适用于单晶金刚石刀具的轮廓加工和孔加工等。

⑨ 激光加工法[17]：利用高能激光束对单晶金刚石刀具进行加工，激光束的高能量密度可以使单晶金刚石材料发生蒸发、熔化或气化，实现刀具的切割、打孔和雕刻等加工。

非机械加工方法能够实现对单晶金刚石刀具的精细加工，具有高加工精度、高效率和良好的表面质量控制能力。因此在单晶金刚石刀具制造和加工中得到广泛应用，提高了单晶金刚石刀具的质量和性能。但非机械式加工方法也存在一些局限性，主要表现在：

① 成本较高：通常需要使用昂贵的设备和工艺，以及特殊的加工介质和工具。如激光加工需要激光设备，离子束刻蚀需要离子束设备等，导致加工成本较高。

② 高技术要求：对操作人员的技术要求较高，需要具备专业的技能和经验，操作复杂，不易掌握。

③ 表面质量控制困难：在控制刀具表面质量方面存在一定的困难，如表面粗糙度、平整度等。

机械刃磨法[18]通常使用表面涂覆了带有细微金刚石粉末研磨膏的铸铁研磨盘。在刀具加工前先进行预研，使金刚石粉末嵌入研磨盘的微孔中，然后对单晶金刚石刀具进行高速刃磨。与非机械式加工方法相比，机械刃磨法具有高效率、高精度和良好的表面质量控制等优点，且应用最为广泛，相关文献报道也最为集中。在本书中，单晶金刚石圆弧刀具的加工方法采用的是机械刃磨法。

1.4
国内外发展现状

1.4.1
单晶金刚石刀具刃磨水平和设备的发展现状

单晶金刚石刀具刃磨水平方面，欧美、日本等国家和地区研究早且技术领先。国外高精度的圆弧刃金刚石刀具生产已经标准化，相关技术标准稳定在刀具刃口钝圆半径小于100nm、表面粗糙度小于10nm，刀尖的线轮廓度和圆轮廓度小于50nm。1986年，日本大阪大学和美国LLNL合作实现了切屑厚度为1nm的单晶金刚石切削。这一成果的实现通过理论推算出刀具刃口钝圆半径在3～5nm。这项研究已将超精密切削的加工水平逼近了极限。国外刀具刃磨设备已经处于产品推广阶段，自动化程度较高，可以刃磨复杂轮廓刀具。英国Coborn公司的PG3B型单晶金刚石磨床将刀具圆弧圆度控制在25nm以内，而最新推出的PG6单晶钻石研磨机可以实现全自动的超高精度金刚石工具加工。瑞士EWAG公司的RS系列精密金刚石刀具磨床拥有50nm的圆弧圆度。

国内对单晶金刚石刀具刃磨技术的研究起步较晚，且目前还不能稳定达到高精度的技术指标。2007年，在实验条件下，哈尔滨工业大学的宗文俊[19]等人先采用机械刃磨法加工刀具，可以将圆弧刃单晶金刚石刀具的锋利度从70～90nm提升到30nm左右，然后进行参数优化后的精磨，最后基于热-机耦合刃磨工艺和钢制磨盘使圆弧刃金刚石刀具的锋利度达到2～9nm。中国物理工程研究院机械制造工艺研究所的雷大江[20]等人通过实验研究确定合理的研磨工艺参数和设备结构，获得的刀具刃口锋利度能稳定在50nm左右，他们还构建了刀尖圆弧轮廓测量系统，测得刀尖圆弧波纹度为0.106μm，不确定度为23.8nm。国内科研机构、高校及企业刃磨设备还处于实验室样机研制阶段，根据具体需求定制，自动化程度相对较低，可以刃磨简单轮廓刀具。中国物理工程研究院机械制造工艺研究所与哈尔滨工业大学合作研发了一台金刚石刃磨机床，采用高精度空气静压轴承或导轨支撑的研磨主轴，几何精度较高。北京303所与哈尔滨工业大学研制了一台金刚石刀具刃磨设备，成功刃磨出了刃口半径约50nm的天然金刚石刀具。表1-2所示的是部分国家的单晶金刚石刀具刃磨水平。总体来说，国内无论刃磨设备还是刃磨水平，都与国外存在一定的差距。

表1-2　部分国家的单晶金刚石刀具刃磨水平

国家	刃口钝圆半径 /nm	刀尖圆弧圆度 /nm
美国、日本	3～5（理论推算）	＜50
乌克兰	9～16	＜100
意大利	20～30	＜50
瑞士	20～30	＜50
俄罗斯	60～70	＜100
英国	50～100	＜20
中国	2～9（仅实验条件下）	＞1000

2008年，英国的Coborn公司推出了PG3型单晶金刚石刀具刃磨机床[21]，可以实现刃磨刀具的圆弧精度在25nm以内。另一方面，瑞士的EWAG公司的RS系列精密单晶金刚石刀具磨床则可以将圆弧精度提高至50nm。在中国台湾，远山机械工业股份有限公

司推出了代表产品 MODELFC-200D 和 MODELFC-500D，尽管可以用于研磨 CBN 和聚晶单晶金刚石刀具，但其精度相对较低。总体来看，国内外单晶金刚石刀具研磨的水平各有不同，刀具技术指标详见表 1-3。

表 1-3　刀具技术指标

单晶金刚石刀具指标	中国	英国	美国
大圆弧半径	0.1～10mm	0.1～75mm	0.1～75mm
微圆弧半径	> 100μm	> 50μm	5～100μm
圆弧精度	> 0.1μm	0.05μm	0.02μm

1.4.2
单晶金刚石晶体定向方法的研究现状

单晶金刚石晶体具有强烈的各向异性，体现在晶体表面具有易磨和难磨方向。在圆弧单晶金刚石刀具分度刃磨的过程中，处于易磨方向可以提高刃磨效率并保证刀具质量，而处于难磨方向则会导致刃磨效率低和刀具质量变差，甚至可能引起崩刃和形成相变缺陷。因此刀具刃磨过程中金刚石晶体定向找到易磨方向十分重要。目前大多是在刃磨过程中离线定向，即在刃磨开始时，对刀具进行定向，或者在刃磨过程中将刀具从夹具中卸下进行离线定向，离线定向费时费力，降低刃磨效率。根据文献，晶体定向法主要包括人工目测晶体定向、激光晶体定向和 X 射线晶体定向等方法。

人工目测晶体定向法[20]依靠观察天然金刚石晶体的外部几何形状、表面生长和腐蚀特征，以及各晶面之间的几何角度关系，对晶体进行粗略的定向。这种方法简单易行且无需设备，但对操作者经验要求高，定向精度低，使用受到局限。

激光晶体定向法[21]利用金刚石在不同结晶方向上的晶体结构差异，通过激光反射形成的衍射图像来确定晶体的定向。根据屏幕上的图像形状、方位和对称性来判断金刚石晶体的晶面和该晶面的好磨、难磨方向。这种方法省时，安全且高效。

X射线晶体定向法[22]是一种利用X射线衍射技术来确定晶体定向的方法。当X射线照射到晶体上时在一定条件下就能够产生衍射。在金刚石晶体不同晶向上，X射线所产生的衍射花样形状和衍射斑点的位置是不同的，据此可以进行晶体定向。这种方法定向精度高，但X射线对人体有害，操作时要注意防护。

目前，关于研究单晶金刚石刀具在线识别及定向方法的文献较少。国外超精密加工技术的发展早，单晶金刚石刀具的加工技术研究经验丰富，金刚石刀具刃磨机床设备的研制技术更为先进，机床的自动化水平也较高，但相关技术严格保密，几乎查不到相关文献。在国内，中国工程物理研究院的周天剑[23]进行了金刚石刀具各晶向刃磨效率试验，分析了振动信号的功率谱密度和有效值，研究结果显示有效值可作为磨削效率的指标，从而初步确定了金刚石刀具的刃磨方向。这项研究为金刚石刀具的晶体定向方法提供了新的思路。哈尔滨工业大学的杜文浩[24]分析了金刚石刀具研磨过程中AE信号的统计特征与研磨面晶向的映射关系，利用自组织神经网络方法对信号进行聚类分析，通过声发射信号特征实时判断刀具研磨面的难磨方向。这些研究为进一步提高单晶金刚石刀具刃磨过程方向在线识别精度及研究刃磨过程中刀具刃磨方向的优化方法提供了基础。

1.4.3
单晶金刚石刀具状态监测技术的发展现状

（1）振动信号[25]监测刀具状态

振动信号作为一种非接触、实时监测刀具状态的方法，通过分析振动信号的特征，可以判断刀具的磨损程度、断裂情况。这对于提高刃磨过程的稳定性、减少刀具损坏和提高加工质量具有重要意义。

任振华[26]等人对 PCB 微钻刀具的振动信号分别进行时域、频域和小波分析，在小波变换的基础上提取了能量、标准差、峰度系数等参数作为刀具磨损状态的特征向量，并分别采用 BP 神经网络和模糊神经网络建立刀具磨损状态监测模型。高明宝[27]等人采用基于高斯曲线的频谱峰特征识别方法得出金刚石研磨过程中不同工艺参数变化时振动信号的频谱峰特征，以小波频带能量方法对研磨振动信号进行分析，得出研磨工艺参数对过程振动的影响规律。R.Bouchama[28]等人采用 PSD 和 GRMS 分析振动信号，对硬质合金刀片车削不锈钢工件过程中的刀具磨损和表面粗糙度进行监测。倪留强[29]等人将光栅刻划刃磨过程中的刀具振动信号作为故障诊断的特征信号，采用小波包分析确定能够表征刃磨振动的故障阈值，以识别刀具刃磨过程的状态。

（2）声发射信号[30]监测刀具状态

声发射（acoustic emission，AE）信号是指在金属加工中分子的晶格发生畸变、裂纹加剧以及材料在塑性变形时释放出的一种超高频应力波脉冲信号。AE 信号的频率一般在 50kHz 以上，能避开振动和噪声污染严重的低频段，具有灵敏度高、信息量丰富的优点。当刀具加工过程中发生磨损和破损等情况时，AE 信号将发生变化。通过分析可以及时确定刀具的情况，并采取相应的措施。

吴兵[31]等人通过实验进行确定金刚石晶体研磨声发射信号特征与晶面研磨方向之间的映射关系，提出了基于声发射信号幅值阈值法的金刚石刀具刃磨状态识别方法。W·Huang[32]等人使用声发射传感器检测电镀金刚石磨削刀具磨损状态。M·M·Mirad[33]等人提取声发射信号的时域和时频域特征。将特征和工艺参数输入到支持向量回归模型中，以估计 Inconel 718 高温合金超声波加工过程中的刀具磨损，准确率达到 96.13%。

（3）力信号[34] 监测刀具状态

刀具加工过程中，力信号包含切削力、进给力、主轴负载等信息，通过分析处理可用来评估刀具的磨损、断裂和异常情况，帮助监控和控制加工过程，提高刀具的使用寿命和加工质量。

金英博[35] 等人为避免复杂的人工提取特征过程，通过自适应提取切削力信号的特征，利用 3×1 和 5×1 尺度的卷积核提取不同尺度的特征，并基于 DenseNet 和 ResNet 的不同优势提取样本空间特征。建立了基于深度学习的多尺度 DenseNet-ResNet-GRU 刀具磨损预测模型。孙晶[36] 等人采用多功能传感器监测金刚石刀具对石材进行切削的过程。发现沿 Z 轴力信号的 RMS 值可用来监测刀具的磨损状态。L·Wu[37] 等人提出了一种用于超精密金刚石切削刀具磨损状态预测的混合深度学习模型。利用混合深度学习模型，结合加工过程中的运动位移、速度等信号，准确估计了金刚石刀具的切削力，并预测了金刚石刀具的磨损状态，识别精度在 85% 以上。

（4）电流信号[38] 监测刀具状态

在刀具加工过程中，当刀具出现磨损、破损情况时，切削力会增大，导致机床的电机电流和负载功率增大。因此，电机的负载功率、电流等参数的变化可以反映刀具状态变化。因此可以采用切削力信号、电流信号监测刀具状态，采用电流信号成本要低于切削力信号，且传感器安装更方便。

申望[39] 等人提出一种基于主轴电流离散小波变换的刀具磨损状态在线监测以及寿命预测方法。武滢[40] 从主轴电流信号提取平均值、均方根，波峰因子、波形因子与 EMD 能量熵等特征量，提出了基于主轴电流信号和粒子群优化支持向量机模型（PSO-SVM）的刀具磨损状态间接监测方法。G·Li[41] 等人利用高精度霍尔传感器采集了计算机数控（CNC）的主轴电流数据。结合异常检测和深度学习方法，提出了一种简单而新颖的 CNN-AD 方法，用于求解刀具破损预测中的类不平衡问题。

但是，单一传感器所获取的刀具信息比较片面，无法完全可靠地反映刀具的状态。为了提高刀具监测系统的可靠性和精度，部分学者提出了融合多传感器信息的方法来监测刀具的加工状态。例如，曹梦龙[42]等人提取了刀具切削力、振动和 AE 信号的时空特征，设计了基于 MC-1DCNN-BiLSTM 的刀具磨损时空监测模型。汪鑫[43]等人提取了切削力、振动和 AE 信号的时域、频域和时频域特征，利用深度森林分别构建适应多工况的刀具磨损状态预测模型。Y. E. Karabacak[44]等人基于多传感器信号特征分析采用机器学习算法对智能铣削工具进行磨损估计，观察到不同信号来源的组合显著提高了模型的整体性能。

综上所述，刀具磨损状态监测和处理方法发展已比较成熟。单晶金刚石刀具刃磨过程与其他精密加工过程既表现出一定的相似性，又表现出自身的特殊性，这些技术和方法可以借鉴到刀具刃磨过程方向在线识别及优化控制中，但在实际的监测过程中还有一些特殊的问题需要解决。在关于识别单晶金刚石刀具刃磨方向的相关文献中或者在刃磨过程中离线定向或者采用单一信号进行判断单晶金刚石刀具刃磨方向，前者需要将刀具卸下、离线定向后再把刀具固定在夹具里刃磨，大大影响刃磨效率，后者信息单一有限，识别精度有待提高。因此，本书研究了单晶金刚石刀具振动、AE 信号的处理和表征方法，这不仅有助于提高对于刃磨经验的理解和完善，同时还为接下来自动化的刃磨方向优化方法的建立提供了理论指导和依据。

1.4.4
单晶金刚石刀具振动信号控制方法发展现状

为了增强刀具刃磨控制系统对低频振动的抵抗能力，中国工程物理研究院的杜文浩[45]等人采用了预测函数的自适应控制算法用于增强刀具刃磨控制系统对低频振动的抵抗能力。实验结果显示在 15 ～ 150Hz 范围内外部振动干扰削弱效果超过 35%。然而，在实际实验中，控制效果未如预期，这表明需要改善实验装置的各个部分以确保其与单晶金刚石刀具磨削加工工艺的匹配。同时，还需要进一步改进控制系统以提高实际控制性能。

在刃磨过程中，往往会面临固有频率和振动幅值较高的问题，造成刀具与刃磨盘接触精度不高的情况。哈尔滨工业大学的张源江等人[46]采用了隔振技术，可以有效地降低机床振动幅值，提升刃磨的精度和质量。经过隔振处理后，刀具刃磨的质量更加均匀，切削效果也更加稳定。所以，隔振技术在刃磨过程中的运用不仅可以提高刃磨质量、改善刀具表面光滑度、稳定切削效果，还能有效提高切削效率，延长刀具的使用寿命。上述研究大多局限于常温状态下，而很多特殊工作环境的温度变化较大，例如航空航天领域，必须使金属橡胶隔振器适应这个温度变化，而金属橡胶隔振器具有耐高低温的特点，因此有必要对金属橡胶隔振器在高低温条件下的性能进行研究。

长春工业大学倪留强等人[30]在研磨技术领域采用了串级控制方法，以提高研磨过程的稳定性和精度。在内环控制中，采用了比例积分微分（proportion integral differential，PID）控制算法来控制刀具向磨盘施加的研磨载荷大小。通过内环控制，可以提前消除干扰对刀具振动信号的影响，从而保证研磨过程中刀具的稳定性和精度。在外环控制中，采用了自动搜索寻优算法来减少刀具在刃磨过程中的振动。这种算法可以对研磨过程中的干扰进行实时监测和补偿，从而降低刀具的振动幅度。针对光栅刻划刀刃磨过程中振动的诸多干扰因素，该方法只是在特定的条件下进行了仿真分析验证了该方法的可行性，将控制方法应用到实际刀具刃磨过程中还没有证明可行性。

Gasparett 等人研究建立了耦合型模型，用于对刀具在加工过程中的稳定和不稳定轨迹进行深入研究。同时，Lin 和 Lu[47]等人在理论上探讨了振动抑制在钻削加工中的应用。另一方面，Lu[48]等人提出了振动切削的精密加工机理，涵盖了振动切削过程中的切削模式。Kunlong Wen[49]等人还提出了适用于高速铣削的新稳定标准，并成功识别了振动频率。这些研究为各种加工方式中振动的控制和稳定提供了理论和实验基础，对提高加工质量和效率具有重要意义。

2021 年，Ashraf M. Zenkour 和 Hela D. El-Shahrany[50] 等人对一个带有被动约束阻尼层的多层矩形板的振动进行了分析，其中，多层板在简支边界条件下的解可以选择为多种形式。在考虑黏弹性层拉伸和弯曲、横向剪切和惯性项的条件下也进行了相似的分析。国外有学者建立了一个带有夹层阻尼的复合材料板的振动模型，对其强迫振动进行了分析。在阻尼优化设计方面，对于复合材料层合板壳结构，大多数主要考虑结构的尺寸、纤维铺层角度等参数对结构阻尼性能的影响；对于复合材料夹芯板壳结构，主要考虑黏弹性阻尼层的尺寸对结构阻尼性能的影响等单目标优化问题，而没有同时考虑这些因素对结构其他力学性能的影响。在保证结构满足刚度、强度的要求下尽可能地提高结构的阻尼特性，是复合材料点阵夹芯结构阻尼优化设计的最终目标，而关于复合材料点阵夹芯结构的阻尼优化工作目前尚处于研究初期阶段。

本书采用内模与神经网络相结合的方法，通过步进电机移动配重，调节刀具与磨盘之间的载荷大小，减小刀具在刃磨过程中的振动，从而提高刀具钝圆半径和表面光洁度，获得更好的刃磨效果。这种方法的核心在于通过振动信号的获取和控制实现对单晶金刚石刀具的刃磨过程的实时监控，从而获得更高的刀具质量。

1.5
单晶金刚石刀具性能的主要技术指标

1.5.1
刃口钝圆半径

单晶金刚石刀具的钝圆半径是指刀具刃口的圆弧半径，也称为刀具的锋利度[51]。其重要性体现在以下几个方面：

① 增加钝圆半径可以避免刀具断裂[52]，因为在切削过程中，若刃口没有钝圆，可能导致应力集中，从而损坏刀具。

② 通过调整钝圆半径可以减少切削力和摩擦力，提高切削质量，并降低工件的表面瑕疵和变形[53]。

③ 钝圆半径的调整可以满足不同加工需求，对于高精度加工可采用较小钝圆半径，而对于高效加工则可采用较大钝圆半径。刀具钝圆半径示意图如图 1.3 所示。

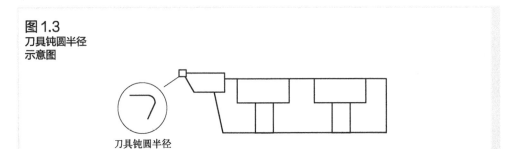

图 1.3
刀具钝圆半径
示意图

刀具钝圆半径

1.5.2
刀具表面粗糙度

表面粗糙度[54]是对刀具表面微小不规则凸起和凹陷程度的量化描述，反映了刀具表面的平滑度和精度。在单晶金刚石刀具上，表面粗糙度对加工的影响主要体现在以下两个方面。

① 它会影响切削力的大小和方向[55]。较大的表面粗糙度会增加摩擦和切削力，导致能量损耗增加，从而降低切削效率；而较小的表面粗糙度则能够减小摩擦力和切削力，提高切削效率。

② 刀具表面粗糙度还会直接影响切削质量[56]。较大的表面粗糙度容易产生瑕疵、毛刺和残余应力，影响工件的表面质量；而较小的表面粗糙度则能够减少抖动和振动，提高切削表面的光洁度和平整度。刀具表面粗糙度示意图如图 1.4 所示。

图1.4
刀具表面粗糙
度示意图

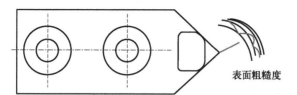

表面粗糙度

单晶金刚石刀具
精准刃磨控制技术

第**2**章
刃磨过程信号分析处理方法及系统建模

2.1 表征刀具刃磨方向状态信息特征信号选择

2.2 刃磨过程刀具特征信号去噪处理

2.3 刃磨过程刀具振动信号特征分析

2.4 振动信号和声发射信号特征参数分析

2.5 系统建模

本章小结

刀具研磨的工艺经验表明，在单晶金刚石刀具刃磨过程中，刃口质量受很多工艺参数的影响，如研磨压力、刀具振动、温度等，其中，刃磨中刀具的振动是刀具刃磨过程中最大的问题。可让刀具和研磨盘之间产生多余的相对运动，这种相对运动会大大影响刀具钝圆半径和表面粗糙度，甚至会使刀具在刃磨过程中出现崩口等缺陷，大大影响刀具刃磨质量，所以控制刃磨过程中刀具的振动至关重要，同时，由于单晶金刚石是具有极高的硬度和各向异性，不同晶面不同晶向上的去除效率差异很大，为了提高刀具刃磨效率，刃磨过程刀具在线方向识别及优化对提高刀具刃磨水平也极其重要，为了提高刃磨过程刀具在线方向识别准确率，需要分析、确定特征信号并在复杂噪声中将特征信号提取出来，为控制方法的研究提供有效的检测信息。

2.1
表征刀具刃磨方向状态
信息特征信号选择

在单晶金刚石圆弧刀具分度刃磨过程中产生的振动信号作为一种信息载体，具有频率响应范围宽，对刃磨状态敏感、受环境条件限制小、安装灵活、调整方便且理论成熟完善、容易实现等优点。声发射信号与系统的振动现象密不可分。在刀具刃磨过程中产生振动信号时，同时也激发了含有丰富刀具信息的声发射信号。当刀具处于不同刃磨状态时，其声发射信号特征也会发生改变。而且声发射信号可以进行非接触测量，简单方便。此外，人的感官对于声发射信号也十分敏感，可以通过人的直观感受和现场经验有效指导信号处理和特征提取，从而避免分析处理的盲目性。故声发射信号有很强的应用价值。根据相关学者研究，单晶金刚石刀具刃磨过程中产生的声发射信号能够被不失真地传输和接收，即在传输和接收过程中其非高斯特征是不会被改变的，设置合理的信号采样周期能发现该信号的非高斯特征；还有学者对单晶铜进行切削实验，发现声发射信号对单晶铜的晶面晶向非常敏感，信号强度与材料表面晶向之间有明显的对应关系。这验证了声发射信号作为识别刀具刃磨方向信息特征信号的可行性。

因此，为了提高刀具刃磨方向识别准确率，本书选取刃磨过程中刀具振动信号、AE信号表征刀具方向状态信息，采用信号分析技术进一步研究刀具振动信号和AE信号中哪些参数与刀具刃磨方向之间具有强相关性，进而确定特征参数，为建立刀具方向识别模型提供有效的输入信息。由于单晶金刚石刀具刃磨环境和过程的复杂性，采集到的刀具振动信号和AE信号中存在大量噪声信号，为了提高刃磨方向的识别精度，因此首先需要对刀具刃磨过程中的振动、AE信号进行去噪处理。

2.2
刃磨过程刀具特征信号去噪处理

在刀具刃磨过程监测中，由于加工现场环境、刃磨工艺参数以及刃磨过程的复杂性，振动、AE信号会受到噪声的严重干扰。采集到的状态信号常为具有一定噪声的非平稳信号，为了进一步了解和分析振动、AE信号，利用适合各类非平稳随机信号且具有强大的时频局部化分解能力的小波包方法对特征信号进行降噪分析处理。

2.2.1
小波包分析理论

传统的信号分析处理方法通常采用傅里叶分析，但它的窗口函数固定不变，无法反映信号的非平稳、时域和频域局部化等特性。小波分析[57]是一种窗口面积固定但其形状可改变，即时间和频率窗都可改变的时频局部化分析方法。分解过程中由于它只对低频信号进行再分解，对高频信号不再分解，使得它的频率分辨率随频率增加而降低。为解决这一缺点，小波包分解应运而生。小波包分解[58]是基于小波变换的一种信号分解方法。它可以将信号分解成不同频率的子信号，将信号高频分量和低频分量都进行再分解，具有强大的时频局部化分解能力，从而更好地理解信号的特性和结构。小波包分解的应用非常广泛，包括图像处理、音频处理、数字信号处理、波形识别等。在信号处理领域，它可用于信号的去噪、压缩、特征提取等方面。通过小波包分解，可以更好地理解信号的频率特性和尺度特性，从而更有效地处理信号。以三层小波包信号分解为例，其结构如图 2.1 所示。

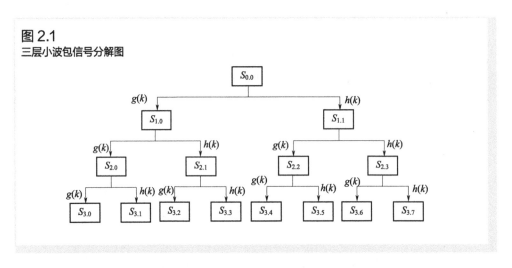

图 2.1
三层小波包信号分解图

图 2.1 中，$S_{0.0}$ 代表原始信号，$S_{i,j}$ 代表第 i 层第 j 个节点对应的分解信号。分解公式如式（2-1）所示。

$$\begin{aligned} S_{0.0} &= S_{1.0} + S_{1.1} + S_{2.0} + S_{2.1} + S_{2.2} + S_{2.3} \\ &= S_{3.0} + S_{3.1} + S_{3.2} + S_{3.3} + S_{3.4} + S_{3.5} + S_{3.6} + S_{3.7} \end{aligned} \qquad (2\text{-}1)$$

在小波包分解中，高通和低通滤波系数 $h(k)$、$g(k)$ 分别用来提取信号的高频和低频成分。为了保持小波包变换的正交性质，高通和低通滤波系数须满足式（2-2）所示的正交关系，这样可以确保小波包变换具有良好的能量守恒和无误差重构性质。

$$g(k) = (-1)^k h(1-k) \qquad (2-2)$$

在不同分解层的分解信号按照式（2-3）和式（2-4）计算得到。

$$s_{i+1,2j}(n) = \Sigma_k g(k-2n)s_{i,j}(k) \qquad (2-3)$$

$$s_{i+1,2j+1}(n) = \Sigma_k g(k-2n)s_{i,j}(k) \qquad (2-4)$$

在小波包分解中，选择合适的小波基函数是分解的基础。常用的小波基函数包括 Haar 小波、Daubechies 小波和 Symlet 小波等。这些小波基函数具有不同的频率特性和尺度特性，可以根据需要选择合适的小波基函数。

采用小波包对非平稳信号进行去噪处理的常用方法有以下几种：

① 小波包阈值去噪法：根据小波包变换的结果，对信号的各个尺度和频带进行阈值处理，将低幅度的噪声去除。

② 小波包重构法：通过小波包变换将信号分解为各个尺度和频带的子信号，然后通过重构选择合适的子信号进行信号恢复，达到去噪的目的。

③ 小波包基函数匹配去噪法：选取适当的小波包基函数，通过匹配号的特征，去除与信号不匹配的噪声。

④ 小波包包络去噪法：通过小波包变换提取信号的包络，将包络信号与原始信号相减得到噪声的估计，从而实现去噪。

其中，小波包阈值去噪方法具有很多优势，小波包阈值去噪方法 [57] 优点如下：

① 多尺度分析能力：小波包变换可以对信号进行多尺度分析，即将信号分解为不同频率的子带，从而更全面地理解信号的频率特征和时域特征。这使得小波包阈值去噪方法能够更精确地定位和处理信号中的噪声。

② 频率局部性：小波包变换具有频率局部化的特性，即每个小波包基函数在频域上只在一定的频率范围内有效。这使得小波包阈

值去噪方法能够更好地区分信号和噪声，减少对信号有用信息的误处理。

③ 阈值处理方式多样性：小波包阈值去噪方法可以采用不同的阈值处理方式，如软阈值、硬阈值等。这使得该方法可以根据具体应用需求和信号特点选择合适的阈值处理方式，从而实现更好的去噪效果。基于以上优点，本书采用小波包阈值去噪方法对刃磨过程刀具振动信号进行去噪处理。

2.2.2
小波包阈值去噪方法

小波包阈值去噪方法是一种常用的信号处理方法，它根据信号的局部特征进行去噪处理，能够有效保留信号的重要信息，保留了信号的局部特征，避免了传统的傅里叶变换方法对整个信号进行处理可能造成的信息丢失。具有较好的去噪效果，在处理时可以根据信号的能量分布情况进行阈值处理，可以有效地将信号中的噪声部分剔除，提高信号的信噪比。同时它的计算复杂度较低，相比于其他复杂的去噪方法，小波包阈值去噪法的计算、实现相对简单，适用于实时处理和实际应用中的噪声去除。小波包阈值去噪方法的基本思路是事先设定一个阈值，然后对信号进行小波包变换，得到小波包分析系数，再将这些系数与预先设定的阈值相比较。如果某个系数小于阈值，就认为该系数受到噪声影响大，可以将其去除，从而实现降噪的目的。小波阈值去噪方法主要包括小波软阈值去噪和小波硬阈值去噪[59]，下面进行简要介绍。

① 硬阈值法去噪是将低于阈值 λ 的小波系数全都归 0，高于阈值 λ 的小波系数则不作改变。这种方法简单且易实现，但它在阈值 $\pm\lambda$ 附近是突变不连续的。因此在信号重构时可能导致信号振荡，阈值函数如式（2-5）所示。

$$\widehat{w(j,k)} = \begin{cases} w(j,k) & |w(j,k)| \geqslant \lambda \\ 0 & |w(j,k)| < \lambda \end{cases} \tag{2-5}$$

② 软阈值法去噪是将小波包系数中幅值较小的系数设置为零，从而去除噪声，通过保留幅值较大的系数，以减少噪声的影响，并尽可能保留信号的重要特征。与小波硬阈值法相比，小波软阈值法能够更好地保留信号的低幅度细节，减少信号的失真。但仍然存在边缘效应的问题，可能在信号的边缘处引入额外的边缘失真。阈值函数如式（2-6）所示。

$$\widehat{w(j,k)} = \begin{cases} \text{sgn}\, w(j,k) & |w(j,k)| \geqslant \lambda \\ 0 & |w(j,k)| < \lambda \end{cases} \tag{2-6}$$

2.2.2.1　硬阈值去噪的缺点 [59]

① 对于弱信号的恢复效果较差，可能会导致图像的细节丢失较多，使图像变得模糊。

② 在噪声较强的区域，硬阈值可能会将一些信号误判为噪声而去除，导致图像信息的丢失。

③ 硬阈值去噪方法更加激进，它将噪声信号和信号分离得更彻底，但可能会导致信号的细节信息丢失，硬阈值去噪方法适用于信号中存在较强噪声的情况，对于较弱的信号分量可能会有所破坏。

2.2.2.2　软阈值去噪的缺点

① 对于高强度的噪声，软阈值可能无法完全去除，会在信号中留下一定程度的噪声残留。

② 对于信号中的平坦区域，软阈值去噪可能会引入一定程度的伪影，导致图像质量下降。

2.2.3
小波包阈值去噪方法的改进

为了达到更好的去噪效果，综合了软阈值与硬阈值函数的特点，在此基础上对阈值函数进行改进，改进后的阈值函数如式（2-7）所示。

$$
\widehat{w(j,k)} = \begin{cases} w(j,k) - \operatorname{sgn} w(j,k) \dfrac{2\lambda}{\left|w(j,k)\right|^{\left|w(j,k)\right|-\lambda}+1} & \left|w(j,k)\right| \geqslant \lambda \\ 0 & \left|w(j,k)\right| < \lambda \end{cases} \tag{2-7}
$$

式中，$w(j,k)$ 为 j 尺度下的小波系数；λ 为阈值。

改进后的阈值函数在硬阈值函数和软阈值函数之间，能有效去除噪声并保留信号主要分量。在阈值点处，函数是连续的，消去了硬阈值法中的突变点，曲线平滑过渡。它满足奇函数性质，处理信号时对正负信号能够达到相同的效果。硬阈值函数、软阈值函数、改进阈值函数图像对比如图 2.2 所示。

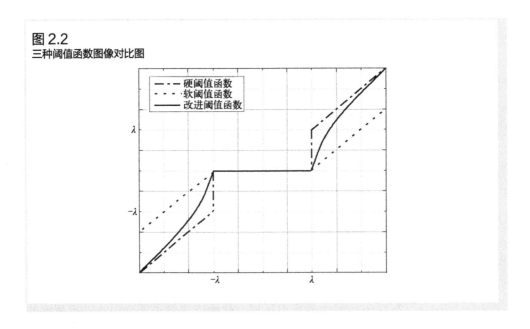

图 2.2
三种阈值函数图像对比图

2.2.4
小波包去噪仿真结果分析

原始信号时域波形图的噪声过多，其中包括刃磨时的机床噪声等。这些噪声会严重影响信号的质量和准确性，因此需要进行信号去噪处理。本书以刀具刃磨过程中采集的振动信号为例进行改进小波阈值去噪，图 2.3 是将信号分别通过小波硬阈值、小波软阈值与改进小波阈值函数去噪的对比图。

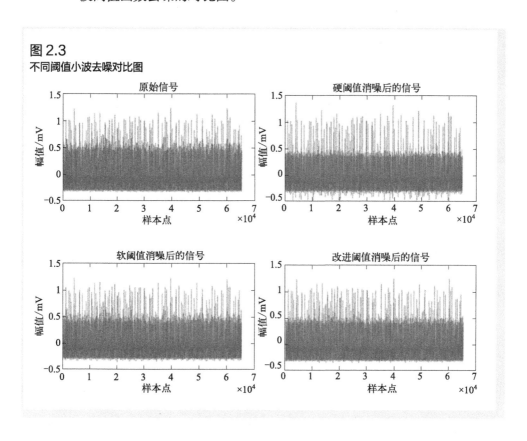

图 2.3
不同阈值小波去噪对比图

变分模态分解（variational mode decomposition，VMD）算法是一种自适应信号分解算法，在信号去噪领域应用良好，具有较高的抗噪性能。图 2.4 是信号通过 VMD 去噪的前后对比图。表 2-1 为不同小波阈值和 VMD 去噪的信噪比。

根据硬阈值、软阈值函数的局限性构建折中的改进阈值函数，函数图像介于硬阈值和软阈值之间，其应用于小波包分解去噪时，由表 2-1 可以看出其信噪比大于硬阈值、软阈值函数和 VMD 算法，去噪效果更好，同时保留了更多的有用信号成分。

图 2.4
VMD 去噪的前后对比图

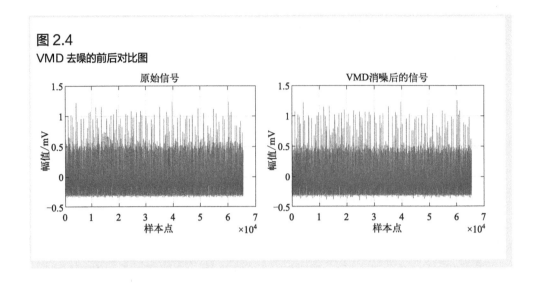

表 2-1　不同方式的去噪信噪比

不同方式	信噪比
小波硬阈值	15.073503 dB
小波软阈值	20.661766 dB
小波改进阈值	21.815345 dB
VMD	21.370729 dB

　　在去噪完成后，需要对信号进行重构，以便于接下来的分析。重构信号的目的是恢复信号的原始形态，使得信号的特征能够更好地被分析和理解，可以得到更准确、可靠的信号数据。以刀具刃磨过程中采集的振动信号为例进行改进小波包阈值去噪，图 2.5 是原始振动信号的时域波形图，图 2.6 是振动信号改进小波包阈值去噪后的波形图。

　　通过对比重构后的信号与原始信号的相似性，重构后的信号能够较好地还原原始信号的特征和变化趋势。且通过观察重构后的小波包分解系数中没有存在明显的噪声和杂乱信号，此次改进小波包阈值去噪方法能够有效减少噪声和杂乱信号的影响，使得信号的特征更加清晰可辨，说明小波包阈值去噪的重构过程有效。

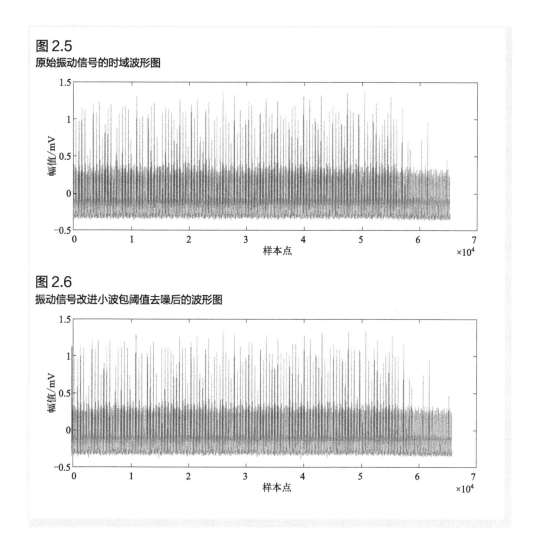

图 2.5
原始振动信号的时域波形图

图 2.6
振动信号改进小波包阈值去噪后的波形图

2.3
刃磨过程刀具振动信号
特征分析

振动信号进行小波包改进阈值去噪后，将其分别通过傅里叶变换将时域信号转换到频域，分析信号的频率特性。刀具正常刃磨时频域信号的频域波形图如图 2.7 所示，刀具刃磨故障时的频域图如图 2.8 所示。

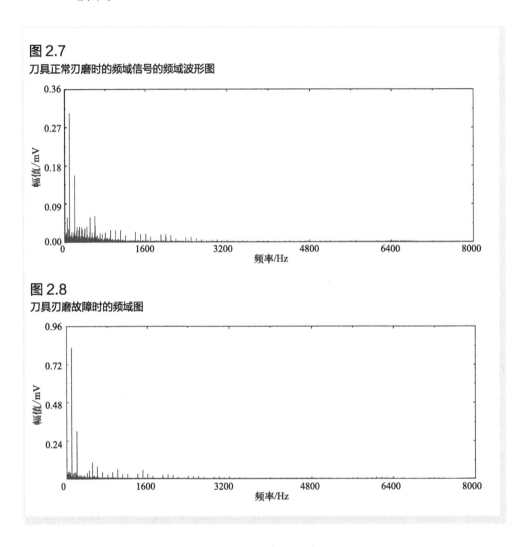

图 2.7
刀具正常刃磨时的频域信号的频域波形图

图 2.8
刀具刃磨故障时的频域图

单晶金刚石圆弧刃刀具的刃磨质量最重要的制约因素是对刀具与磨盘接触研磨后对由它发出的振动信号的控制，若可有效地对振动进行控制，就可得到质量非常好的单晶金刚石刀具。整个控制系统的首要振源是中心轴主轴，它的转速范围是 0 ~ 3500r/min，可实现无级调速。

刃磨过程中，刀具振动对刀架影响最大，刀架的最大振幅是0.82mV，与之对应的频率值是99Hz，刀架最大振幅对应频率与刃磨过程中刀具本身的振动频率相差无几，因为刃磨过程中，刀具和磨盘相互之间的速度非常大，自然体现到相互之间的摩擦上，即形成了对刀架振动影响，这种情况符合实际工况。

为了更加准确地确定故障发生的频段以及频率的变化，采用正则性较好的db3小波函数对刀具刃磨正常信号和故障信号进行三层小波包分解。小波包分解是小波分析的一种重要技术，用于将信号分解成多个频段不同的子信号，以便更详细地分析信号的频率和变化。通过对这些分解后的信号进行分析，可以确定故障发生的频段以及频率的变化情况，利用MATLAB自带的db3小波函数进行三层小波包分解，所得的分解信号、刀具刃磨正常信号及三层小波包分解信号如图2.9所示，刀具刃磨故障信号及三层小波包分解信号如图2.10所示。

图 2.9
刀具刃磨正常信号及三层
小波包分解信号图

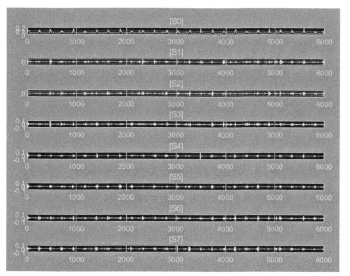

对比二者，可进一步观察故障信号的频段和频率的变化，以更好地了解故障的特征。频段是指信号在频率上所占据的范围。不同类型的故障往往会在不同的频段上表现出特定的特征。通过比较不同故障信号的频段变化，可以发现故障信号的共性和区别。频率是指信号每秒钟振动的次数。故障信号的频率变化可以反映出故障的严重程度和稳定性。

图 2.10
刀具刃磨故障信号及三层
小波包分解信号图

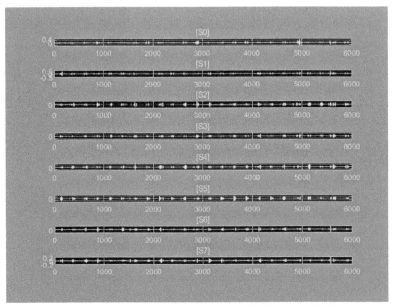

为了更好地了解刀具振动信号的频率特性，需要通过分析信号的能量谱和功率谱来确定信号中主要频率分量的能量大小，并描述其频率特性。能量谱是一种用来确定信号中主要频率分量大小的工具。它通过计算信号在不同频率下的能量分布来反映信号的频率特性。对于能量信号，可以使用能量密度函数 $E(w)$ 来描述其在频域中的分布情况。能量密度函数可以类比概率密度函数，它定义为单位频率内的信号能量。能量密度函数也称为能量频谱或能量谱。通过分析能量谱，可以确定信号中主要频率的能量大小。能量谱可以将信号的能量分布在频域上可视化，从而帮助了解信号频率特性。通过观察能量谱的峰值频率和峰值强度，可以确定信号中主要的频率成分及其能量大小。

单位频率内的信号能量为 $E(w)$，所以在频带 df 内信号的能量是 E，那么信号在整个频率区间 $(-\infty , \infty)$ 内的总能量见式 (2-8)。

$$E = \int_{-\infty}^{\infty} E(w)\mathrm{d}f = \frac{1}{2\pi} \int_{-\infty}^{\infty} E(w)\mathrm{d}w \qquad (2\text{-}8)$$

将上式与帕塞瓦尔定理进行对比，则可以得到能量谱表达式，见式 (2-9)。

$$Ew = \left| F(jw) \right|^2 \qquad (2\text{-}9)$$

周期信号在周期性重复的基础上具有无限持续的特点，因此其能量必然是无限的，但功率可能是有限的。相比之下，随机信号的能量同样是无限的，且无法用确定的时间函数来表示，因此无法具有明确的频谱。为了描述这种情况下信号的频率特性，通常使用功率谱。能量密度函数的定义：定义 $P(w)$ 为功率密度函数，即单位频率内的信号功率，简称功率谱，那么信号在整个频率区间 $(-\infty , \infty)$ 内的功率见式 (2-10)。

$$P = \int_{-\infty}^{\infty} P(w)\mathrm{d}f = \frac{1}{2\pi} \int_{-\infty}^{\infty} P(w)\mathrm{d}w \qquad (2\text{-}10)$$

比较得到式 (2-11)。

$$P(w) = \lim_{T \to \infty} \left| F_{T(jw)} \right|^2 / T \qquad (2\text{-}11)$$

对比分析能量谱图：正常信号的能量谱图见图 2.11，故障信号的能量谱图见图 2.12；功率谱图：正常信号的功率谱图见图 2.13，故障信号的功率谱图见图 2.14，确定故障频段和频率变化。实验信号分解后各频带的频率范围如表 2-2 所示。

图 2.11
正常信号的能量谱图

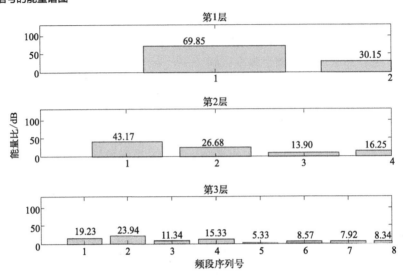

图 2.12
故障信号的能量谱图

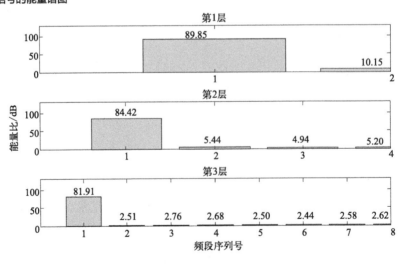

单晶金刚石刀具
精准刃磨控制技术

图 2.13
正常信号的功率谱图

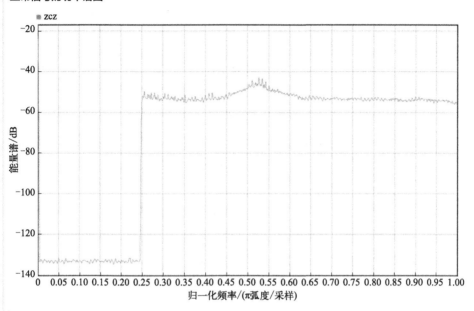

图 2.14
故障信号的功率谱图

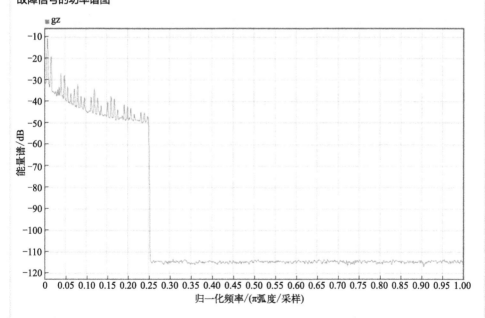

表 2-2　实验信号分解后各频带的频率范围

频带	频率 /Hz	频带	频率 /Hz
1	0 ～ 3125	5	12500 ～ 15625
2	3125 ～ 6250	6	15625 ～ 18750
3	6250 ～ 9375	7	18750 ～ 21875
4	9375 ～ 12500	8	21875 ～ 25000

根据经验分析可知，故障振动频率通常是正常振动频率的倍频。从图 2.11 中正常信号的能量谱可以看出，信号的频带能量主要分布在频带 1 和频带 2，其他频带的能量相对较低。这与多次实验得出的结果一致，即振动主频主要是 99Hz 和 200Hz。而从图 2.12 中故障信号的能量谱可以看出，信号频带能量仍然集中在频带 1，但幅值发生了显著变化，其他频带的能量相对较低，表明故障振动频率大致是正常振动频率的 2 ～ 10 倍。从图 2.13 和图 2.14 中可知，正常信号和故障信号的频率均位于频带 1，功率值较大且伴随有转速。通过分析正常和故障时信号的小波时频图，可以发现频率主要集中在低频段，与之前的推测相符。结合小波包能量谱和功率谱的分析方法，可以准确提取出单晶金刚石刀具刃磨振动的故障特征信息。

2.4
振动信号和声发射信号特征参数分析

2.4.1
特征参数分析方法

（1）时域分析与时域特征[60]

时域分析是一种分析信号在时间上的变化特征的方法。它从信号的时序数据入手，通过对信号在时间上的采样和观测，分析信号在时间域上的变化规律，从而对信号进行定量和定性的描述。

时域特征是对信号在时间域上的某种特性进行描述的指标或参数。常见的时域特征包括信号的均值、均方值、均方根值、方差和总能量等，具体表达式如表2-3所示。这些特征可以通过对信号的采样数据进行统计分析得到，用于描述信号的时域特性。

时域分析和时域特征在信号处理、模式识别、音频分析、图像处理等领域都有广泛的应用。通过对信号的时域分析和提取时域特征，可以对信号进行分类、识别、分割、降噪等处理，从而实现对信号的进一步理解和应用。

表 2-3　时域特征参数

时域特征	表达式	用途
均值	$\bar{x} = \dfrac{1}{N}\sum\limits_{i=1}^{N} x_i$	表征信号变化的中心趋势
均方值	$X = \dfrac{1}{N}\sum\limits_{i=1}^{N} x_i^2$	表征信号的平均能量
均方根值	$X_{rms} = \sqrt{\dfrac{1}{N}\sum\limits_{i=1}^{N} x_i^2}$	表征信号的有效值
方差	$\sigma^2 = \dfrac{1}{N}\sum\limits_{i=1}^{N}(x_i - \bar{x})^2$	表征随机信号的波动程度
总能量	$V = \sum\limits_{i=1}^{N} x_i^2$	

注：N 为样本长度。

以上时域特征常用来监测刀具状态的变化，具体是哪些特征，还需要进一步分析特征与刀具刃磨方向之间的关系。

（2）频域分析与频域特征

频域分析是一种通过傅里叶变换将时域中的动态信号转换到频率域，分析信号的频率特性的方法。这种方法显示了信号的频率结构以及各个频率成分的幅值大小，从而有利于进行信号分析和应用。常见的频域特征包括频谱、能量谱和功率谱等。频域分析与频域特征可以更好地理解信号的频率特征和频谱结构，可以用于信号处理、模式识别、故障诊断等领域。主要的频域特征如表 2-4 所示。

表 2-4　频域特征参数

频域特征	表达式	用途
频谱	$X(\omega) = \int_{-\infty}^{+\infty} x(t)e^{-j\omega t}dt$	表征信号在不同频率下的成分及其相对强度
功率谱	$P(\omega) = \lim_{T \to \infty} \dfrac{\left\| F_{T(j\omega)} \right\|^2}{T}$	表征信号在不同频率下的功率分布情况
能量谱	$E(\omega) = \left\| F(j\omega) \right\|^2$	表征信号在不同频率上的能量分布情况

注：ω 为频率；T 为时间窗口的长度；$F_{T(j\omega)}$ 为信号在频域中的表示，包含该信号各个频率成分的幅度和相位信息；$F(j\omega)$ 为信号的傅里叶变换。

（3）小波包分析

小波包分析是一种能够对各类非平稳随机信号进行有效处理的现代时频分析和处理方法，可将采集的信号在不同频带、不同时刻进行特征分解。它具有很强的时频局部化分解能力，为各类信号的特征提取和识别奠定了基础，已广泛应用于语言、图像、机械振动等领域。

小波包分析将待处理的信号进行小波分解，通过不断迭代地将信号分解为低频和高频的子信号。分解的层数可以根据信号的特性和需要进行选择。对于每个分解节点，计算其小波包系数，表示该子信号在该节点上的能量或重要性。常用的小波包系数计算方法有平均能量、方差、能量熵等。通过小波包分析提取的信号特征可以用于信号分类、模式识别、故障检测等应用。根据具体的信号和特征提取目标，可以灵活选择合适的小波基函数和小波包系数，以提高特征提取的效果。

2.4.2
刀具振动信号特征分析

三种刃磨方向上的振动信号进行改进小波包阈值函数去噪后，将其分别通过傅里叶变换将时域信号转换到频域，分析信号的频率特性。各个刃磨方向振动信号的时域及频域波形图如图 2.15～图 2.20 所示。

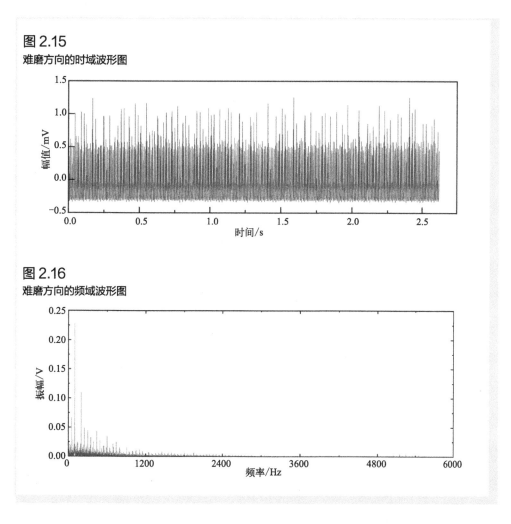

图 2.15
难磨方向的时域波形图

图 2.16
难磨方向的频域波形图

图 2.17
介于易磨和难磨方向的时域波形图

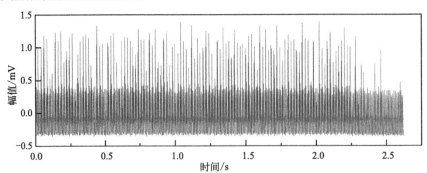

图 2.18
介于易磨和难磨方向的频域波形图

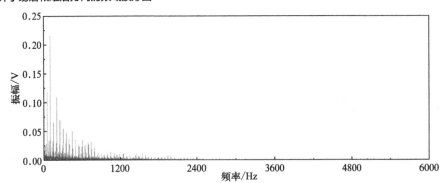

图 2.19
易磨方向的时域波形图

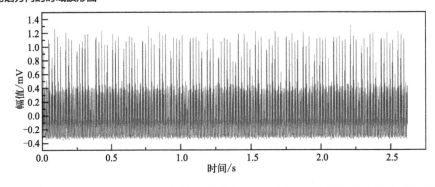

单晶金刚石刀具
精准刃磨控制技术

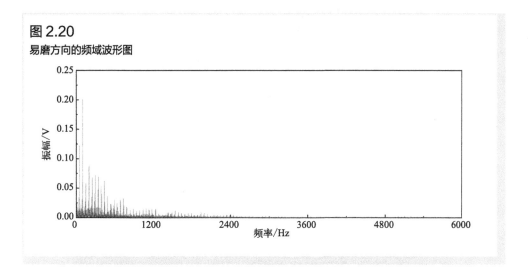

图 2.20

易磨方向的频域波形图

刀具与磨盘的刃磨方向将直接影响刃磨效率和质量。若能根据振动信号在线识别刀具的刃磨方向，并据此信息调整方向，将高效高质地加工出单晶金刚石刀具。图 2.15、图 2.17 和图 2.19 是不同刀具刃磨方向上的振动信号时域波形。可以看出，随刀具方向的变化，信号的幅值变化不大，信号的时域特征对刀具方向的表征不是很明显。

图 2.16、图 2.18 和图 2.20 是不同刀具刃磨方向上的振动信号频域波形。比较刀具在不同刃磨方向下振动信号频谱图，发现振动信号在低频段部分存在明显变化，在该频段内，不同刀具刃磨方向的信号频谱峰值、频谱密度有明显不同，而其他频段内则区别不大。因此可将其作为信号特征频段，监测刀具刃磨方向。为了进一步明确特征频带，接下来采用小波包分析将信号分解在不同频段，通过小波包能量谱进一步详细分析。对三种刃磨方向上的振动信号进行 db3 小波包三层分解，分解后的信号如图 2.21 ～ 图 2.23 所示。振动信号采样频率为 25kHz，将频率域分解为 8 个频带，具体情况如表 2-5 所示。

表 2-5　信号分解后各频带的频率范围

频带	频率 /kHz	频带	频率 /kHz
P1	0 ～ 3.125	P2	3.125 ～ 6.25

频带	频率 /kHz	频带	频率 /kHz
P3	6.25 ～ 9.375	P6	15.625 ～ 18.75
P4	9.375 ～ 12.5	P7	18.750 ～ 21.875
P5	12.5 ～ 15.625	P8	21.875 ～ 25

图 2.21
易磨方向上振动信号小波
包分解信号图

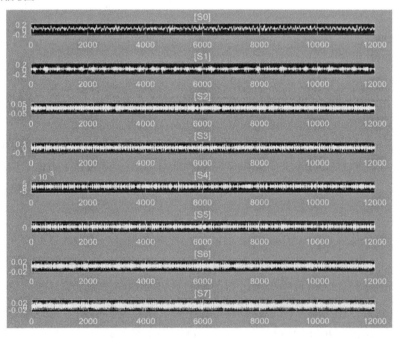

通过对比图 2.21 ～图 2.23 可知，不同刃磨方向振动信号的时频图显示它们的振幅和频率都有了一定的变化。然而，这些变化的具体情况尚不清楚。因此分别作出三个刃磨方向的能量谱如图 2.24 所示，分析表征单晶金刚石刀具易磨方向的特征频段。

图 2.22
介于易磨和难磨方向上振动信号
小波包分解信号图

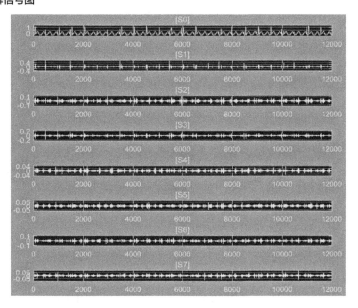

图 2.23
难磨方向上振动信号小波包
分解信号图

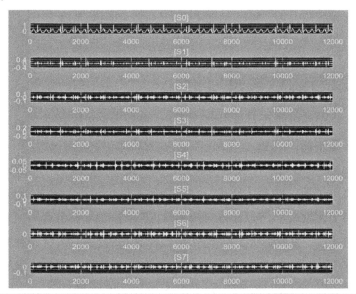

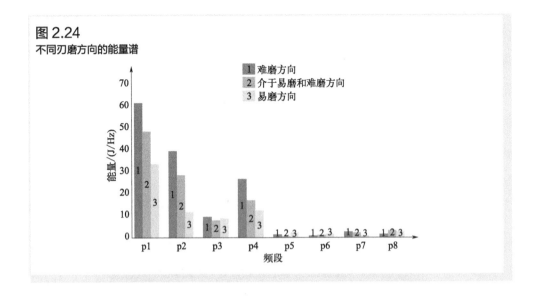

图 2.24
不同刃磨方向的能量谱

图 2.24 反映了刀具刃磨方向变化时振动信号不同频段内的能量值。从图中总体分布上来看，随着刃磨方向的变化，P1（0～3.125kHz）、P2（3.125～6.25kHz）和 P4（9.375～12.5kHz）频段内的信号能量减小，特征变化较大，并且不同方向之间区分明显。其余频段能量变化没有规律或者变化不明显。根据相关性分析选取振动信号的特征为频段 P1、P2、P4 的能量值。

2.4.3

刀具声发射信号特征分析

单晶金刚石刀具刃磨过程中，砂轮表面的磨粒与刀具刃磨面的相互作用激发产生了声发射信号。为研究单晶金刚石刀具刃磨方向与 AE 信号的关系，采用参数分析法，探究 AE 信号的时域特征参数在刃磨过程中的变化规律，建立特征参数与刃磨方向之间的映射关系。经实验发现，与刃磨方向相关的 AE 信号特征参数有均值 $\bar{x}$ 和均方根值 X_{rms}。在刃磨机上对金刚石（100）晶面进行 24 组刃磨实验，每组实验的刃磨方向角度相差 15°，其余实验条件和参数均设置相同。将实验结果连成折线图，如图 2.25 和图 2.26 所示。

图 2.25

(100) 晶面 AE 信号均值随刃磨方向变化情况

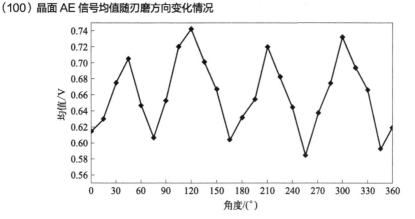

图 2.26

(100) 晶面 AE 信号均方根值随刃磨方向变化情况

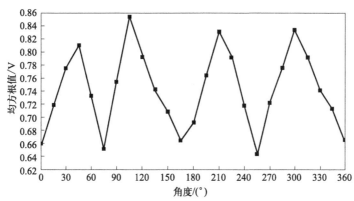

　　可以看出，随着刃磨方向的改变，AE 信号的均值和均方根值也随之发生变化，并且它们的变化情况大致相同。均值和均方根值折线呈现出山峰式的起伏，它们都拥有四个相邻间隔 90°左右的波峰和波谷，具体的起伏状况正好与 1.2 节图 1.2 中金刚石（100）晶面的磨削率变化规律相反。出现这种情况可以解释为，当刃磨方向处于（100）晶面的易磨方向上，晶体材料容易被磨削去除，使得磨粒与晶面的接触面积减小，因此刃磨过程中产生的 AE 信号强度下降，使均值和均方根值也一同下降。反之，当刃磨方向处于（100）晶面的难磨方向上，产生的 AE 信号强度大，使均值和均方根值也大。由此可见，AE 信号的均值、均方根值都表现出了与金刚石晶面刃磨方向的相关性，将这两个参数作为 AE 信号的特征。

2.5
系统建模

本书以 DAP-Ⅵ型单晶金刚石刃磨设备为实验平台，以单晶金刚石圆弧刀具为研究对象。提出采用鲁棒内模控制与模糊神经网络相结合的控制方法，通过驱动步进电机移动配重，控制刀具刃磨过程中的研磨压力，进而减小刀具与磨盘之间的振动。刀具刃磨的重锤模式施载方案是基于杠杆原理的，具体实现方式是将杠杆一端设为固定载荷端，另一端设为可调载荷端，通过刀架系统、微进给机构和部分杠杆重量的和来施加载荷，杠杆中心轴通过轴承安装在床身上。可调载荷端由配重块和配重块位置调整机构组成，根据实际需求进行调整。刀具刃磨施载机构示意图如图 2.27 所示。

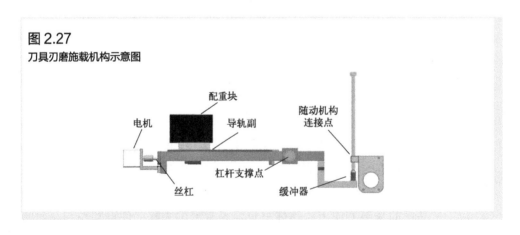

图 2.27
刀具刃磨施载机构示意图

配重块　　导轨副　　随动机构连接点　　电机　　杠杆支撑点　　丝杠　　缓冲器

固定负载端力臂长度的杠杆机构可以通过调整配重块的位置来调

节刃磨时施加的压力大小。配重块与杠杆中心轴的距离可以改变负载端力臂的长度，进而影响磨削压力的大小。为了实现单晶金刚石圆弧刀具的刃磨施加合适的载荷，需要根据实际刀具振动情况进行控制。当振动偏差超出阈值时，控制命令将直接发送给刀架机构进行退刀操作，以避免刃部崩裂或发生相变缺陷。若振动偏差在阈值范围内但偏离正常值，控制器将计算偏差并发送调整命令给步进电机，通过移动配重来调整力臂长度，从而控制刀具载荷的大小。为了实现以上自动调节功能，需要建立起适应刃磨施载机构结构特点的关系模型。

2.5.1
步进电机系统建模

步进电机通常是 n 相的，其中第 m 相的电压平衡方程式通常可以表示如式（2-12）所示。在进行步进电机的设计和调节时，需要考虑到每个相位的电压平衡，以确保电机能够正常运行并实现所需的转动效果[61]。

$$u_m(t) = R_m i_m(t) + \mathrm{d}\left[\sum_{j=1}^{n} L_{mj} i_m(t)\right] / \mathrm{d}t \qquad (2\text{-}12)$$

式中，u_m 代表第 m 相电压；i_m 代表第 m 相电流；R_m 代表第 m 相电阻；而 I_m 则表示第 m 相的自感。当涉及两相之间的互感时（即 $j \neq m$），I_m 的意义就会变为互感。在讨论相电压平衡方程时，一般情况下会省略下标 m。相电压平衡方程一般化为常见的方程如式（2-13）所示。

$$u(t) = R(t) + \mathrm{d}[L_s(\theta)i(t)] / \mathrm{d}t \qquad (2\text{-}13)$$

式中，$L_s(\theta)$ 是与转子位置角相关的自感；$i(t)$ 是电流随时间的变化函数；t 表示时间。当忽略高次谐波时，可以用式（2-14）来表示 $L_s(\theta)$。

$$L_s(\theta) = L_0 + L_1 \cos\left(\frac{2\pi\theta}{\theta_z}\right) \qquad (2\text{-}14)$$

式中，L_0 表示自感的平均分量；L_1 表示自感的基波幅值；θ_z 表示与电机转子位置相关的特定角度参数；θ 表示转子位置角。

据能量转换原理并结合式（2-12），可以得出步进电机的转矩表达式如式（2-15）所示。

$$T_e = \frac{\mathrm{d}W_f}{\mathrm{d}\theta} = \frac{\mathrm{d}\left[\frac{1}{2}L_s(\theta)i(t)^2\right]}{\mathrm{d}\theta} = \frac{\pi L_1}{\theta_z}i(t)^2\sin\left(\frac{2\pi\theta}{\theta_z}\right) \quad (2\text{-}15)$$

式中，W_f 代表磁场储能。因此，可以将公式（2-15）重新表示为式（2-16）。

$$T_e = -K_1 i(t)^2 \sin(Z\theta) \quad (2\text{-}16)$$

式中，K_1 表示常数系数。

步进电机单相的距角特性主要是指在单相励磁时的合成转矩，可以看作是多相励磁时转矩的叠加。因此，电机的距角特性可以被描述为一种正弦特性，则电机的距角特性可以描述为式（2-17）。

$$T_m = -T_{sm}\sin(Z\Delta\theta) \quad (2\text{-}17)$$

式中，T_{sm} 为最大静力矩；$\Delta\theta$ 表示偏离平衡位置的角度；$Z = \dfrac{2\pi}{\theta}$。

考虑转轴刚度为 k，还有负载转动惯量 J_L，电机轴转动惯量 J_M，电机轴和负载转过的角度分别为 θ_M 和 θ_L。根据运动方程式（2-18），可以得到以电机轴为对象的运动方程。

$$T_m = J_M\frac{\mathrm{d}^2\theta_M}{\mathrm{d}t^2} + D\frac{\mathrm{d}\theta_M}{\mathrm{d}t} + T_L \quad (2\text{-}18)$$

根据公式中给出的内容，可以得到黏滞阻尼系数 D 和负载与电机轴之间的作用力 T_L 之间的关系。根据刚度的定义得到式（2-19）。

$$T_L = k(\theta_M - \theta_L) \quad (2\text{-}19)$$

根据式（2-19）所示的牛顿力学关系，假设负载已经平衡配重，不考虑自身重力，得到式（2-20）。

$$T_L = J_L \frac{d^2\theta_L}{dt^2} \qquad (2\text{-}20)$$

综合式（2-16）～式（2-20）得到简化的步进电机回转运动控制系统模型。

2.5.2
刃磨压力与力臂长度关系建模

单晶金刚石圆弧刀具刃磨施载采用了基于杠杆原理的重锤模式施载方案[62]，其原理如图 2.28 所示。

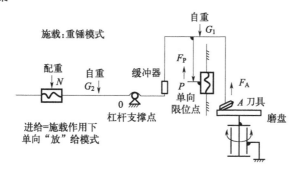

图 2.28
重锤模式施载方案

F_A 和 F_P 为磨盘对刀具研磨处 A 点的支撑力（即刀具研磨施载）和单向限位处 P 点的支撑力，其他参数为各个支撑点或自重及配重相应的力臂长度，其中关系如式（2-21）～式（2-23）所示。

$$F_A l_a + F_P l_p = G_1 l_1 - G_2 l_2 - Nl \qquad (2\text{-}21)$$

$$a = l_a \quad b = l_p \quad c = G_1 l_1 - G_2 l_2 \quad d = N \qquad (2\text{-}22)$$

$$F_A = (c - dl - bF_P)/a \qquad (2\text{-}23)$$

式中，N 为配重块自重；l 为杠杆支撑点到配重块的距离；l_a 为杠杆支撑点到 F_a 作用力方向的垂直距离；l_p 为杠杆支撑点到 F_p 作用力方向的垂直距离；G_1 为不可调重力端的重力；G_2 为可调重力端的重力；l_1 为杠杆支撑点到不可调重力端的距离；l_2 为杠杆支撑点到可调重力端的距离。

如设计参数取为

$$l_a = 300\text{mm} \quad l_p = 280\text{mm} \quad G_1 = 98\text{N} \quad G_2 = 78.4\text{N}$$

$$l_1 = 250\text{mm} \quad l_2 = 260\text{mm} \quad N = 7\text{N}$$

代入式（2-21）～式（2-23）得式（2-24）。

$$F_A = (4116 - 7l - 280F_p) / 300 \tag{2-24}$$

经标定后的配重块标准臂长为 320mm，即

$$l = 320\text{mm}$$

则求出 F_A 如式（2-25）所示。

$$F_A = 6.25 - 0.93F_p \tag{2-25}$$

2.5.3
刃磨压力与刀具振动之间关系建模

刃磨压力是磨料与刀具在接触和相互作用过程中产生的摩擦和弹塑性变形的结果[63]，它是代表磨削精度和效率的关键参数。对整个主轴刀具系统进行动力学分析，建立动力学模型，刀具与磨盘之间的受力简化模型如图 2.29X、Y 方向弹簧阻尼模型图所示。在分析单晶金刚石圆弧刀具刃磨过程中造成振动的主要因素时，发现了一些关键因素。通过对单晶金刚石圆弧刀具刃磨过程的详细分析，提出了一些相关的设计指标。这些指标可以在实际的刀具刃磨过程中帮助控制振动。

通过牛顿第二定律，可以将弹簧振子写成如下形式：$m\ddot{x}(t) + \lambda\dot{x}(t) + kx(t) = F(t)$，带入单晶金刚石刀具工件系统的等效阻尼。本文研究主要关注于刀具在 X、Y 方向上的动态位移与切削力变化之间的

关系，特别是在径向刚度不足的情况下。为了更好地描述系统的动态行为，将其简化为一个弹簧——阻尼系统。通过等效刚度、等效阻尼和等效质量的计算，得出了描述刀具工件系统的方程式如式（2-26）所示。

图 2.29
X、Y 方向弹簧阻尼模型图

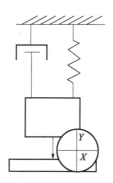

$$\begin{cases} F_x(t) = m_x\ddot{x}(t) + \lambda_x\dot{x}(t) + k_x x(t) \\ F_y(t) = m_y\ddot{y}(t) + \lambda_y\dot{y}(t) + k_y y(t) \end{cases} \tag{2-26}$$

式中，m_x、m_y 分别代表刀具工件系统在 X 方向和 Y 方向上的等效质量，kg；λ_x、λ_y 分别代表刀具工件系统在 X 和 Y 方向上的等效阻尼，N/m/s；k_x、k_y 分别代表刀具工件系统在 X 和 Y 方向上的等效刚度系数，N/m；$\ddot{x}$，$\dot{x}$，x，$\ddot{y}$，$\dot{y}$，y 分别代表刀具工件系统在 X 和 Y 方向上刀具的加速度，m/s²，速度，m/s，动态位移，m；F_x、F_y 分别代表刀具在 X 和 Y 方向上的切削力分量，N。

对以上模型相结合进行联立：

下面是单晶金刚石刀具与磨盘之间的压力和刀具振动之间的关系式（2-27）。

$$m\ddot{x}(t) + \lambda\dot{x}(t) + kx(t) = F(t) \tag{2-27}$$

式中，m 表示刀具工件系统的等效质量，kg；λ 表示刀具工件系统的等效阻尼，N/m/s；k 表示刀具工件系统等效刚度系数，N/m；$\ddot{x}$，$\dot{x}$，x 分别表示刀具的加速度，m/s²，速度，m/s，动态位移，m。

下面是步进电机转子角度与最大静力矩之间的关系式（2-28）。

$$T_m = -T_{sm}\sin\left(Z\Delta\theta\right) \tag{2-28}$$

式中，T_{sm} 为最大静力矩；$\Delta\theta$ 表示偏离平衡位置的角度。

下面是配重块位移与 F_A 的关系：

F_A 和 F_p 是支撑刀具研磨处 A 点和单向限位处 P 点的支撑力。其他参数包括各支撑点的自重和配重的力臂长度。它们之间的关系如式（2-29）所示。

$$F_A l_a + F_p l_p = G_1 l_1 - G_2 l_2 - Nl \tag{2-29}$$

三个模型相结合得出配重块移动距离（l）与刀具振动（λ）之间的关系如式（2-30）所示。

$$l = \frac{l_a\left\{\left[-m_x\ddot{x}(t) - \lambda_x\dot{x}(t) + k\frac{T_m}{\sin Z(\Delta\theta)}(t)\right]\right\} + G_1 l_1 - G_2 l_2 + F_p l_p}{N} \tag{2-30}$$

本章小结

本章论证了采用刀具振动信号和 AE 信号作为表征刃磨方向的可行性。针对刀具刃磨过程中刀具振动、AE 信号受到噪声的严重干扰，采集到的状态信号常为具有一定噪声的非平稳信号的问题，提出小波包改进阈值去噪方法，对信号进行去噪。仿真结果表明，该方法能够保留信号的边缘信息，避免了其他方法在去噪过程中引入的模糊效果。对比分析了刀具振动信号的能量谱和功率谱，得出刃磨过程刀具振动故障产生的频段信息。对振动信号采用小波包分析技术，进行信号分解，根据频段能量的变化，建立了刃磨效率与相关频带能量的映射关系，确定表征单晶金刚石刀具易磨方向的特征频段；对 AE 信号采用参数分析技术，探究了 AE 信号的特征参数在刃磨过程中的变化规律，建立了特征参数与刃磨方向之间的映射关系，确定了 AE 信号的特征参数，根据刀具刃磨施载机构的结构特点建立了步进电机关系理论模型并根据施载机构自身特点对模型进行了一定程度的简化。基于杠杆原理，建立了刃磨压力与力臂长度的关系建模；对整个主轴刀具系统进行动力学分析，并对刀具与磨盘之间的受力做了适当的简化，建立了刃磨压力与刀具振动之间关系模型。最后将以上关系模型整合，得到配重块移动距离与刀具振动之间的数学关系，为控制方法的研究提供有效的检测信息和控制基础。

单晶金刚石刀具
精准刃磨控制技术

第 **3** 章

刃磨过程刀具方向在线识别及优化方法

3.1 径向基神经网络概述

3.2 基于 RBF 神经网络的刀具方向识别模型的构建

3.3 RBF 神经网络的改进

3.4 单晶金刚石刀具分度刃磨

3.5 刀具刃磨方向的在线优化方法

本章小结

基于第 2 章信号降噪和特征参数分析的基础，确定了刀具刃磨方向信号特征参数后，需要建立刀具刃磨方向特征向量与刀具刃磨方向之间的映射模型，以实现对刀具刃磨方向的有效在线识别。振动、AE 信号等特征参数向量与刃磨方向之间的映射关系往往不具有线性关系，单纯依靠参数指标无法实现刃磨方向的准确识别。为了提高识别精度，提出采用基于改进粒子群优化径向基神经网络的刀具刃磨方向在线识别方法，建立特征参数向量与刃磨方向之间的非线性映射关系模型，在线识别刀具刃磨方向，提高识别结果的准确性，为方向优化方法的研究提供准确的识别信息。

3.1
径向基神经网络概述

　　径向基[64]（radial basis function，RBF）神经网络是一种源自人脑神经元细胞局部响应特点的神经网络结构。它是一个三层前馈网络，使用具有多变量插值功能的径向基函数作为激活函数。其基本思想是通过隐含层对输入数据进行变换，将低维模式输入数据变换到高维空间内，解决了低维空间线性不可分问题。RBF 神经网络结构简单，训练简洁且收敛速度快，不存在局部最优问题。其泛化能力突出，在不同问题环境下能快速适应，对大量数据快速聚类，能够逼近任意非线性函数，实现全局逼近。这些特点使 RBF 神经网络广泛应用于模式识别[65]、预测分析[66]、控制[67]以及故障监测[68]等领域。

3.1.1
径向基神经网络结构

　　RBF 神经网络是一种三层神经网络，包括输入层、隐含层和输出层。从输入层到隐含层的变换是非线性的，从隐含层到输出层的变换是线性的。RBF 神经网络结构如图 3.1 所示。

第一层是输入层，由信号源节点构成，仅起到数据信息传递的作用，而不会对输入信息进行任何变换。输入层神经元个数取决于输入变量的大小。在此之前，要对输入变量做数据标准化处理，比如规范化、正规化和归一化等，消除数据的量纲和量级差异，提高数据的可比性和准确性。具体选择哪种方法取决于数据的特征和后续的数据处理需求。

第二层是隐含层，将低维的输入变量采用径向基函数非线性变换到高维空间内，解决低维空间内的线性不可分的问题。隐含层神经元的个数要结合实际问题和试验进行确定。径向基函数是关于中心点对称、径向衰退的非负非线性函数。常见的径向基函数包括高斯函数、反常 S 型函数和多二次函数，分别如式（3-1）～式（3-3）所示。其中，RBF 神经网络常使用高斯函数作为激活函数。

（1）高斯函数

$$\varphi_j(x_i, c_j) = \mathrm{e}^{-\frac{\|x_i - c_j\|^2}{2\sigma^2}}, j = 1, 2, \cdots, n \tag{3-1}$$

（2）反常 S 型函数

$$\varphi_j(x_i, c_j) = \frac{1}{1 + \mathrm{e}^{\frac{\|x_i - c_j\|^2}{\sigma^2}}}, j = 1, 2, \cdots, n \tag{3-2}$$

（3）多二次函数

$$\varphi_j(x_i, c_j) = (x_i^2 + c_j^2)^{\frac{1}{2}}, j = 1, 2, \cdots, n \tag{3-3}$$

式中，c_j 是第 j 个神经元的中心点；σ 为径向基函数的宽度。

第三层是输出层。将隐含层神经元输出的数据通过连接权值进行线性输出。输出神经元的个数由实际问题所确定。假设输出层节点数

为 l，输出神经元的个数为 y_k。输入变量 x_i 通过 RBF 神经网络的输出向量如式（3-4）所示。

$$y_k = \sum_{j=1}^{n} w_{kj}\varphi_j(x_i, c_j), k = 1, 2, \cdots, l \tag{3-4}$$

式中，w_{kj} 为第 j 个隐含神经元到第 k 个输出神经元的连接权值。

图 3.1
RBF 神经网络结构

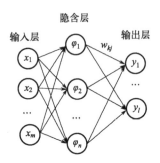

3.1.2
径向基神经网络的学习算法

在 RBF 神经网络模型的构建过程中主要设置径向基函数的中心点 c_j、宽度 σ 和连接权值 w_{kj} 这三个参数。它们的确定对于 RBF 神经网络的学习能力、泛化性能有很大的影响。通过合理的参数设置，RBF 神经网络能够有效地应用于函数逼近、降噪、聚类等问题。根据相关文献研究可知，当径向基函数的中心点和宽度确定后，连接权值可以用最小二乘法或者梯度下降法求解。因此根据径向基函数的中心选取方法的不同，学习算法分为随机选取中心法、自组织选取法、正交最小二乘法等。下面对几种常用的学习方法进行简要介绍。

单晶金刚石刀具
精准刃磨控制技术

(1) 随机选取中心法

该方法随机从输入数据中选择某点作为径向基函数中心点的值，选定后宽度的值也随之确定不变，然后通过求解线性方程来确定连接权重。这种方法最简单直接，但有其不确定性，易受噪声干扰，随机选择的数值无法确定其代表性。因此，这种方法适合数据样本相对纯净且有代表性。

(2) 自组织选取法 [69]

该方法较为常用，主要包括两个阶段：第一阶段是自组织学习阶段，为无导师学习过程，求解径向基函数中心点与宽度；第二阶段是有导师学习阶段，求解隐含层到输出层之间的连接权值。具体过程如下所示：

第一步，基于 K-means 聚类方法求解径向基函数的中心点。

首先进行网络初始化，随机选取 n 个训练样本作为聚类中心 c_j。再将输入的训练样本集合按最近邻规则分组，通过计算训练样本与聚类中心 c_j 之间的欧式距离，将训练样本分配到各个聚类集合中。最后重新调整聚类中心，计算各个聚类集合中训练样本的平均值，将其作为新的聚类中心 c_j。如果新的聚类中心 c_j 没有产生变动，即为最终径向基函数的中心点。否则重新进行分组，按以上流程再求解中心点。

第二步，求解径向基函数的宽度 σ。若 RBF 神经网络的基函数为高斯函数，通过公式（3-5）即可求解宽度 σ。

$$\sigma = \frac{c_{max}}{\sqrt{2n}} \tag{3-5}$$

式中，c_{max} 是所选取中心之间的最大距离。

第三步，计算隐含层和输出层之间的连接权值 w_{kj}。通过最小二乘法即可算出连接权值，计算公式如式（3-6）所示。

$$w_{kj} = e^{\frac{n}{c_{max}^2}\|x_i - c_j\|^2} \tag{3-6}$$

（3）正交最小二乘法

该方法具体过程概括为回归向量的正交化。首先将所有隐含层神经元上的回归因子构成回归向量。然后把所有输入样本作为径向基函数的中心点，并令宽度取相同的常数值，对隐含层输出阵作正交化处理，直至找到使网络训练误差小于阈值的中心。

然而，在很多实际问题中，径向基函数的中心点不是训练集中的某些样本点或样本的聚类中心。目前，随着跨学科研究的迅速发展，涌现出很多新算法，例如粒子群优化算法[68]、模拟退火算法[70]、遗传算法[71]以及帝国竞争算法[72]等，它们的出现解决了很多难题，为RBF神经网络的参数优化提供不同的思路。

3.2
基于 RBF 神经网络的
刀具方向识别模型的构建

3.2.1
刀具方向识别模型

基于 RBF 神经网络构建刀具刃磨方向在线识别模型，采用 3.1.2 节中的自组织选取法确定 RBF 神经网络的中心、宽度和连接权值这 3 个重要参数。RBF 网络结构为 3 层，在考虑问题的实际情况和复杂性情况下，进行确定网络的输入、输出以及隐含层神经元的个数。

对于 RBF 神经网络的输入，经第 2 章的分析结果可知，输入神经元共有 5 个，分别是振动信号频段 P1、P2、P4 的能量值以及 AE 信号的幅值均值和均方根值。对于 RBF 神经网络的输出，确定输出神经元为 3 个，即 3 种不同的单晶金刚石刀具刃磨方向。为使神经网络学习到刀具的不同刃磨方向，制作标签如表 3-1 所示，采用独特编码[73]（即 One-Hot 编码）来制作标签，将离散特征转换为向量表示，在任意时刻，只有一个数位是有效的，将特征参数输入到神经网络后，如果输出中的某个数位接近于 1，而其他两个数位接近于 0，那么对比标签就可以判断当前刀具的刃磨方向，将单晶金刚石刀具刃磨方向的理想输出设为 3 个，分别设置为：难磨方向、介于易磨和难磨之间的方向、易磨方向。

表 3-1 刀具刃磨方向标签

刃磨方向分类	刃磨效率 k /$[10^{-5}\mu m^3 \cdot (N \cdot m \cdot s^{-1})^{-1}]$	标签
难磨方向	$0 \sim 2$	[1 0 0]
介于易磨和难磨之间的方向	$2 \sim 4$	[0 1 0]
易磨方向	$4 \sim 6$	[0 0 1]

RBF 神经网络隐含层神经元的个数对网络性能的影响很大。个数过多会加大网络计算量并且易出现过拟合问题；个数过少则会影响网络性能，达不到预期效果。本文通过比较不同隐含层神经元个数对应的均方误差大小来确定合适的神经元个数，具体结果如表 3-2 所示。

表 3-2 不同隐含层神经元个数对应的均方误差

隐含层神经元个数	均方误差
5	0.2531
6	0.0823
7	0.0548
8	0.0372
9	0.0629
10	0.1764

由表 3-2 中可知，当隐含层神经元个数为 8 个时，均方误差最小，能够满足识别模型的要求。因此将 RBF 神经网络隐含层神经元的个数确定为 8 个。同时根据网络的输入和输出情况，并结合 3.1.1 节中 RBF 神经网络理论及结构，建立模型如图 3.2 所示。

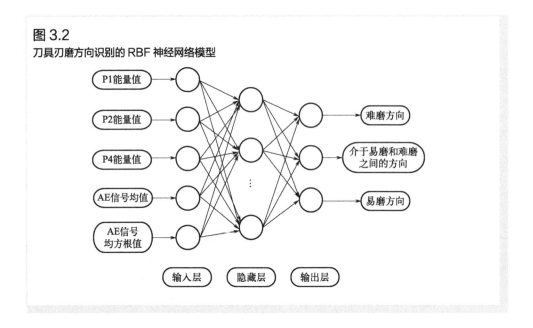

图 3.2
刀具刃磨方向识别的 RBF 神经网络模型

3.2.2
基于 RBF 神经网络
模型实验验证

将提取到的振动、AE 信号与刃磨方向相关的特征用于训练 RBF 神经网络，这些特征包括时域、时频域参数，其度量单位和数量级都不同，可能会导致某些特征对神经网络的训练结果影响过大，为避免这种量纲影响和提高模型精度，在实验前对数据进行归一化处理[74]，如式（3-7）所示。

$$y = \frac{x - x_{\min}}{x_{\max} - x_{\min}} \tag{3-7}$$

式中，x_{max}、x_{min} 分别为信号不同特征值的最大值、最小值。

处理后的部分数据如表 3-3 所示。

表 3-3　表征刀具方向的 5 个特征数据归一化结果

样本编号	振动信号能量值			AE 信号		RBF 期望输出
	E（0～3.125kHz）	E（3.125～6.25kHz）	E（9.375～12.5kHz）	均值	均方根值	
1	0.82674	0.92117	0.88510	0.76085	0.76028	[1 0 0]
2	0.92363	0.95955	0.91577	0.87560	1	[1 0 0]
3	1	0.87275	1	0.80231	0.90902	[1 0 0]
4	0.78811	0.94243	0.88267	1	0.78323	[1 0 0]
5	0.84033	0.95335	0.93525	0.97300	0.83465	[1 0 0]
…	…	…	…	…	…	…
80	0	0.07293	0.09932	0.10897	0.15190	[0 0 1]
81	0.02385	0.09507	0.12853	0.23433	0.25000	[0 0 1]
82	0.05524	0	0.06913	0.27387	0.18275	[0 0 1]
83	0.02626	0.03366	0.10662	0.12729	0.20491	[0 0 1]
84	0.08452	0.07470	0.01022	0	0.08307	[0 0 1]

在 Matlab R2016a 软件中搭建好 RBF 神经网络模型后，将归一化处理后的数据代入模型进行实验。根据单晶金刚石刀具的刃磨特点，刀具刃磨方向的理想输出有 3 个，每个刃磨方向有 28 组样本，共 84 组样本。每个方向随机选取 20 组训练样本，总共 60 组训练样本，其余 24 组作为测试样本。将这 60 组特征数据训练样本输入到 RBF 神

经网络模型进行训练，最大训练周期为 1000，训练误差为 1×10^{-8}，学习率为 0.01。训练误差曲线如图 3.3 所示，经过 39 步达到了训练目标精度。

图 3.3
训练误差曲线

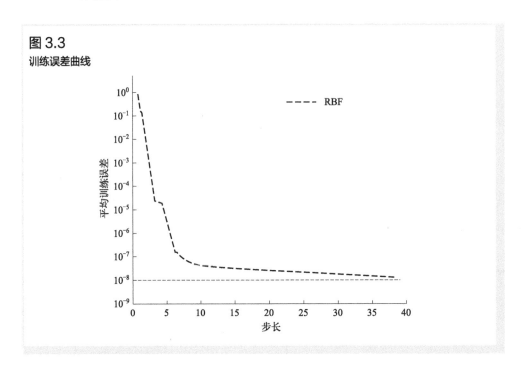

将振动、AE 信号的 24 组测试样本输入 RBF 神经网络进行单晶金刚石刀具刃磨方向识别。单晶金刚石刀具刃磨方向识别结果以机器学习中的混淆矩阵 [76]（误差矩阵）来表示识别准确度。混淆矩阵以 n 行 n 列的表格形式呈现，行代表实际的类别，列代表模型识别的类别。刀具刃磨方向识别模型得到的混淆矩阵中每一列是识别刀具刃磨方向类别，每一列的数据总数是刃磨方向数据被识别为该类别的数目；每一行是实际刀具刃磨方向类别，每一行的数据总数是该刃磨方向实际的数目；每一列中的数值是实际刀具刃磨方向数据被识别为该类别的数目。如图 3.4 所示，RBF 神经网络的识别准确度达到了 83%。

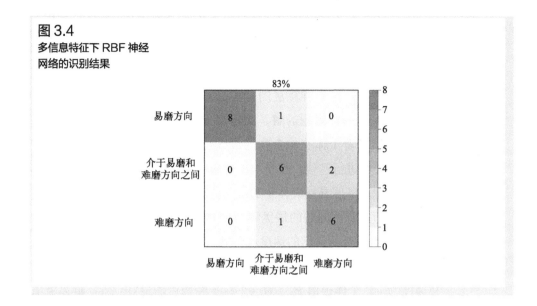

图 3.4
多信息特征下 RBF 神经
网络的识别结果

3.3
RBF 神经网络的改进

为了更好地提高所建立的刀具方向识别模型的识别精度和效果，进一步提升性能，则需要对模型进行优化，采用改进粒子群优化算法对所建立的 RBF 识别模型进行优化。并通过实验验证了优化后模型的性能。

3.3.1
粒子群算法

粒子群算法（particle swarm optimization，PSO）是一种群体进化算法，1995 年由 Kennedy 和 Eberhart 提出，来源于对鸟类觅食行为的研究[75]。假设区域里只有一块食物，即通常优化问题中的最优解，鸟群的任务是找到它。在整个搜寻的过程中，鸟群通过共享信息与位置交流来判断自己找到的是不是最优解，同时也将最优解的信息传递给整个鸟群。最终，整个鸟群都能聚集在食物周围，即找到了最优解，问题收敛。

由此可知，粒子群算法的基本原理为：初始化粒子群时，每个粒子随机生成一个问题的解，并将当前解作为其个体最佳位置。每个粒子都记忆着个体寻找食物的最佳位置和从群体中获得的最佳位置。然后开始进行迭代，粒子根据适应度值的变化去调整自身寻找的位置和速度，以便寻找群体中的最佳位置。当所有粒子都收敛到某一位置时，即找到了问题的最优解。在上述过程中，粒子通过式（3-8）和式（3-9）来更新自己的速度和位置。假设在一个 d 维搜索空间里，粒子群有 n 个粒子。其中第 i 个粒子的位置表示为一个 d 维向量 x_i，其速度为 v_i。个体极值 $P_{\text{best}i}$ 为这个粒子经历过的最好位置。群体极值 $G_{\text{best}i}$ 为全部粒子经历过的最好位置。

$$v_i^{k+1} = wv_i^k + c_1 r_1 (P_{\text{best}i} - x_i^k) + c_2 r_2 (G_{\text{best}i} - x_i^k) \qquad (3\text{-}8)$$

$$x_i^{k+1} = x_i^k + v_i^k \qquad (3\text{-}9)$$

式中，v_i^{k+1} 为第 i 个粒子在第 $k+1$ 次迭代时的速度；x_i^{k+1} 为第 i 个粒子在第 $k+1$ 次迭代时的位置；r_1、r_2 是介于（0，1）之间的随机数；w 为惯性权重；c_1、c_2 为学习因子；$i=1, 2, \cdots, n$。

粒子群算法收敛速度快、参数少且简单易实现，但是也存在着陷入局部最优解的问题。

3.3.2
粒子群算法参数及改进

根据粒子群工作原理可知，粒子群算法的搜索效果受到参数的影响很大。正确选择和调整参数可以提高粒子群算法的性能，避免陷入局部最值等问题。以下是几个重要的粒子群算法的参数及其影响。

（1）种群数量

种群中粒子数增加，寻求解就会增加，每次迭代能增加搜索的全局性，但这会导致计算量变大，因此对计算硬件性能的要求变高；如果粒子数较少，又会存在过早收敛的问题。因此，种群数量要根据实际问题的情况进行确定。

（2）惯性权重 w

根据速度更新公式，w 表示速度更新时惯性的权重，即保持当前飞行速度的权重。在优化过程中，w 决定了粒子搜索的多样性。当 w 较大时全局搜索能力强，局部搜索能力弱，表现出粒子运动的"震荡性"，因此 w 取值过大可能导致无法收敛到精确解；而 w 较小时局部搜索能力强，全局搜索能力弱，所以 w 取值过小容易造成局部收敛。

（3）学习因子 c_1、c_2

c_1、c_2 分别代表了粒子的个体和群体意识，主要影响着粒子对个体经验和群体经验的信任程度。在优化过程中，c_1 相对越大，粒子的搜索空间越分散，收敛速度也越慢，甚至算法会停滞为无法收敛；而 c_2 相对越大，粒子越快地趋向同一个位置，但容易早熟收敛而错过最优解。

基于上述分析，为更好地符合实际需求，提高粒子群算法的搜索性能，需要对粒子群参数进行优化。粒子群参数优化方法致力于提高粒子在不同阶段的搜索能力。在迭代前期，提高粒子的全局搜索能力，使其能够在搜索空间内找到更多的可行解，确保不会过早收敛。而在迭代后期，要提高粒子的局部搜索能力，在局部的搜索空间内找到准确的局部解，同时确保能够成功收敛。基于以上思想，对粒子群算法的参数进行如下改进。

（1）引入非线性异步学习因子

c_1 为个体学习因子，c_2 为社会学习因子。学习因子是调整局部最优值和全局最优值权重的参数。在初始阶段需加强粒子全局搜索能力，要 c_1 较大、c_2 较小；在最后迭代阶段需加强粒子向全局最优点的收敛能力，要 c_1 较小、c_2 较大。本文使用正余弦函数来控制 c_1 非线性减小、c_2 非线性增加。表达式如式（3-10）和式（3-11）所示。

$$c_1 = 1.5 + \frac{1}{2}\cos\left(\frac{k}{T_{max}}\pi\right) \tag{3-10}$$

$$c_2 = 1.5 + \frac{1}{2}\sin\left[\left(\frac{k}{T_{max}} - \frac{1}{2}\right)\pi\right] \tag{3-11}$$

式中，k、T_{max} 分别为当前迭代次数、最大迭代次数。

（2）引入非线性递减的惯性权重

引入指数型的非线性递减的惯性权重，表达式如式（3-12）所示。惯性权重 w 将会随着迭代次数的不断增多而减小，并且是一种非线性、先快后慢的形式，契合了算法前期注重全局探索，后期注重局部开发的搜索特点，有利于提高算法的收敛速度和精度。

$$w = w_{end}\left(\frac{w_0}{w_{end}}\right)^{1/(1+12k/T_{max})} \tag{3-12}$$

式中，k、T_{max} 分别为当前迭代次数、最大迭代次数；w_0、w_{end} 分别为 w 的初始值、最终值。

3.3.3
改进后粒子群算法的性能测试

根据改进的粒子群算法（improved particle swarm optimization，IPSO），选用两个测试函数来检验 IPSO 算法的性能，并将改进的结果与标准 PSO 算法进行比较分析，主要检验 IPSO 算法的迭代速度和收敛性能，选取的测试函数如式（3-13）和式（3-14）所示。

$$f_1(x) = x\sin(x)\cos(2x) - 2x\sin(3x) \tag{3-13}$$

$$f_2(x,y) = 3\cos(xy) + x + y^2 \tag{3-14}$$

这两个测试函数的特性为：f_1 函数为多峰函数。从局部到全局有多个极值点。在全局最优点的附近存在无数个局部最优点，很容易在搜索过程中出现局部最优问题。f_2 函数为具有多个局部极值的二维函数。具有很广泛的搜索空间，同 f_1 一样，易发生局部最优。基于以上特点，这两个函数可以用来检测算法的性能。f_1 函数、f_2 函数的二维图形如图 3.5 所示。

图 3.5
二维函数图形

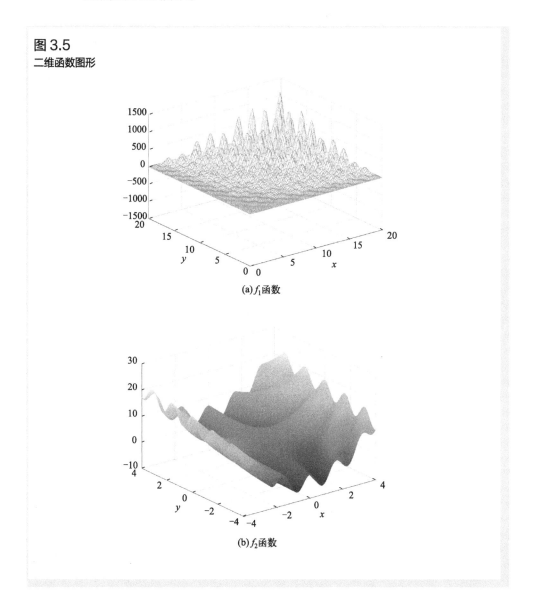

(a) f_1 函数

(b) f_2 函数

粒子群算法中的主要参数设置如下：标准 PSO 学习因子 $c_1=c_2=1.5$，惯性权重 $w=0.8$；改进粒子群算法中，$w_0=0.9$、$w_{end}=0.4$，其中最大迭代次数 $T_{max}=200$，测试函数的维度为 2，为确定测试效果多次运行，获得它们解的最优值与最劣值，性能测试结果如表 3-4 所示。

表 3-4   性能测试结果

算法	测试函数	最优值	最优值点	最劣值	最劣值点
PSO	f_1	1162.5593	（19.4112，19.4119）	1162.4883	（19.4149，19.413）
IPSO	f_1	1162.5609	（19.4113，19.4113）	1162.5604	（19.4113，19.4109）
PSO	f_2	−6.4068	（−3.9992，0.7547）	−6.3956	（−3.9909，−0.7600）
IPSO	f_2	−6.4078	（−4.0000，−0.7557）	−6.4057	（−3.9988，−0.7489）

从图 3.5 中观察两个函数的二维图形，可以看出 f_1 函数具有最大值，f_2 函数具有最小值，函数的性质决定了即使在相同算法下进行搜索，同一函数得出的结果也可能不相同。采用标准 PSO 算法和 IPSO 算法分别搜索这两个函数的最值，从表 3-4 中可以看出，IPSO 算法更能较好地收敛于极值点，且最优值更接近函数的最值，而标准 PSO

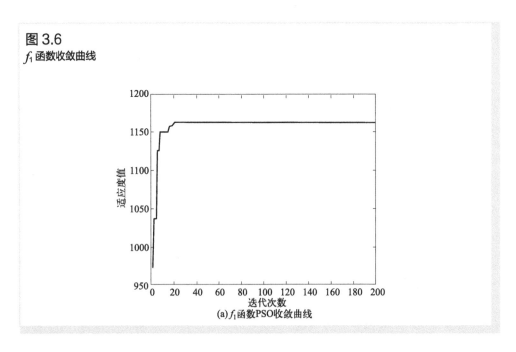

图 3.6
f_1 函数收敛曲线

(a) f_1 函数PSO收敛曲线

图 3.6
f_1 函数收敛曲线

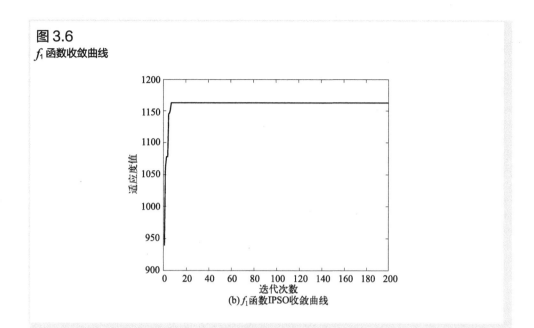

(b)f_1函数IPSO收敛曲线

算法则与函数最值仍有一定差距。从图 3.6 和图 3.7 中收敛曲线的变化趋势能看出，IPSO 算法在迭代的早期收敛速度更快，在迭代到 20 次左右就达到了全局最优解，而标准 PSO 算法在收敛速度上稍微慢一些，且迭代次数更多。经过一系列对比可以看出，IPSO 算法的搜索寻优能力更强。

图 3.7
f_2 函数收敛曲线

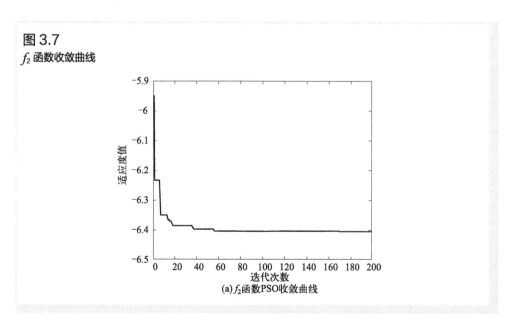

(a)f_2函数PSO收敛曲线

图 3.7

f_2 函数收敛曲线

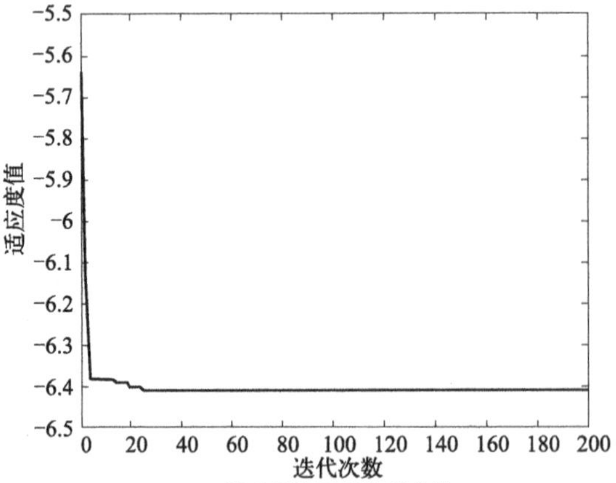

(b) f_2 函数 IPSO 收敛曲线

3.3.4
基于 IPSO-RBF 的刀具刃磨
方向在线识别模型

经 IPSO 算法来确定模型中径向基函数的中心点、宽度和连接权值，通过优化确定最合适的值，以此增强网络的性能，从而提高模型识别的准确度。采用 IPSO 算法优化参数，以 3 个参数的向量形式来表示粒子的位置，经过搜索寻优确定参数值，最后建立 RBF 神经网络。在 IPSO 算法对模型的优化过程中，需要确定适应度函数来计算粒子的适应度值，根据径向基函数的特点适应度函数选择为 RBF 网络的均方误差，公式如式（3-15）所示。

$$y(x) = \frac{1}{n}\sum_{i=1}^{n}(D_i - Y_i)^2 \qquad (3\text{-}15)$$

式中，D_i 为期望输出；Y_i 为实际输出；n 为样本容量。

IPSO 算法优化 RBF 神经网络模型的过程如图 3.8 所示。

图 3.8

IPSO-RBF 神经网络框架图

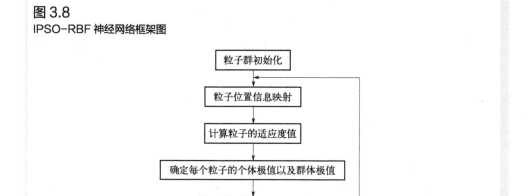

IPSO 算法优化 RBF 神经网络的具体步骤为：

第一步，粒子群初始化。设定粒子的种群数量、最大迭代次数等参数，通过随机函数得到粒子的初始位置和速度。

第二步，将每个粒子的状态信息进行映射，并建立神经网络模型。

第三步，通过公式（3-15）计算对应的适应度值。

第四步，确定每个粒子的个体极值以及群体极值。将粒子当前适应度值和上一次适应度值进行比较，适应度值更小的粒子位置作为新的个体极值。将当前群体极值和上一次群体极值进行比较，适应度值更小的作为新的群体极值。

第五步，更新粒子的速度和位置。所有粒子根据当前最新的个体极值、群体极值和式（3-8）和式（3-9）来更新粒子的速度和位置。

第六步，判断是否满足寻优结束条件。若均方误差值满足条件则结束寻优，得出最优粒子位置；若均方误差值不满足条件则继续迭代更新，返回第三步，确定最新的群体极值，并且结束 IPSO 算法，构建 RBF 神经网络。

3.3.5
基于 IPSO-RBF 的刀具在线
识别模型实验验证

为检验通过 IPSO 优化后 RBF 神经网络模型对刀具刃磨方向识别结果，实验的条件须和 3.2.2 节中所采用的一样，包括刀具信号的原始样本数据，并且对数据的处理方式不变。对于模型中的 RBF 神经网络，RBF 神经网络的三个关键参数，则是由 IPSO 算法进行确定。本文编写这两种算法的 Matlab 程序，采用相同的训练样本，分别用参数改进粒子群算法、标准粒子群算法对 RBF 神经网络的参数进行迭代优化。由图 3.9 可知，两种算法都能在 150 次迭代内找到最优适

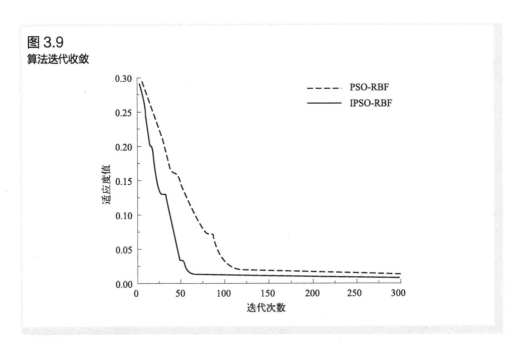

图 3.9
算法迭代收敛

单晶金刚石刀具
精准刃磨控制技术

应度值。IPSO-RBF 在第 62 次迭代能找到最优适应度值，达到全局最优，而用 PSO-RBF 需要 116 次迭代。相比而言，IPSO-RBF 的寻优速度更快，更接近目标值 0，寻优性能更优秀，证明了本书提出的粒子群算法改进方式有效。

将相同的测试样本分别输入 IPSO-RBF 和 RBF 神经网络，将 IPSO 算法优化后的参数代入 RBF 神经网络，最大训练周期为 1000，训练误差为 1×10^{-8}，学习率为 0.01。两种算法的训练误差曲线如图 3.10 所示，在训练过程中 IPSO-RBF 神经网络收敛速度最快，且训练误差始终比 RBF 神经网络小。

图 3.10
训练误差对比曲线

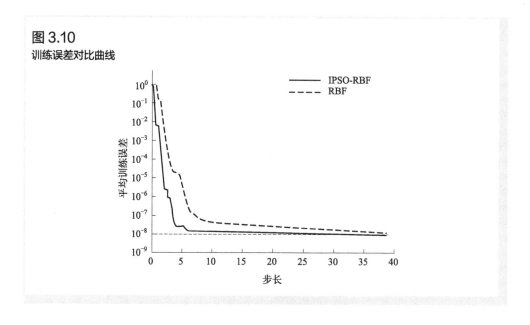

在保证 IPSO-RBF 神经网络模型参数、结构一致的情况下，采用单一信号特征法，将振动信号、AE 信号的特征参量分别输入 IPSO-RBF 神经网络进行单晶金刚石刀具刃磨方向识别。识别结果如图 3.11 所示。可以看出，单一的振动信号和 AE 信号对单晶金刚石刀具刃磨方向的识别准确率分别为 79% 和 87.5%，AE 信号识别准确率相对较高，比振动信号高 8.5%，对于单晶金刚石刀具刃磨方向的变化较为敏感。

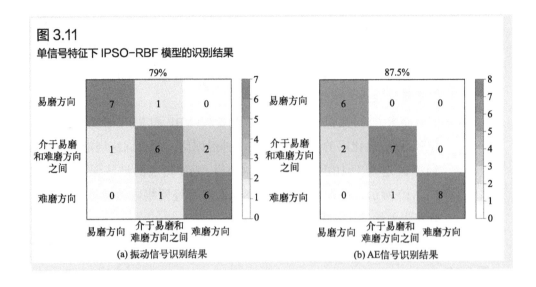

图 3.11
单信号特征下 IPSO-RBF 模型的识别结果

(a) 振动信号识别结果

(b) AE信号识别结果

支持向量机（support vector machine，SVM）是一种监督式学习的方法，在统计分类以及回归分析等领域应用良好。在融合振动、声发射信号的特征参数情况下，采用 SVM 模型对单晶金刚石刀具刃磨方向进行识别。识别结果如图 3.12 所示，准确率为 83.3%。

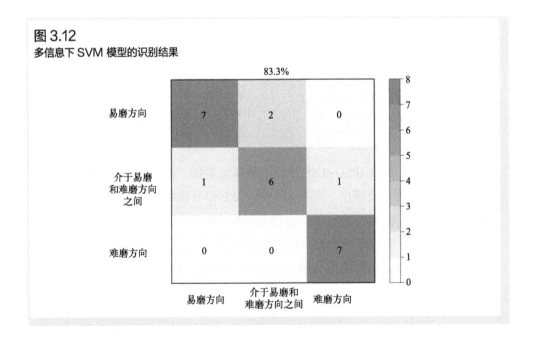

图 3.12
多信息下 SVM 模型的识别结果

在确保与单一信号特征法输入相同特征值的情况下，融合振动、声发射信号的特征参数，采用 IPSO-RBF 神经网络模型对单晶金刚石刀具刃磨方向进行识别。识别结果如图 3.13 所示，准确率为 91.7%。与单一信号特征法的识别结果相比，多信息融合后的识别结果更好，实现了多信息特征的有效利用。

图 3.13
多信息下 IPSO-RBF 神经网络模型的识别结果

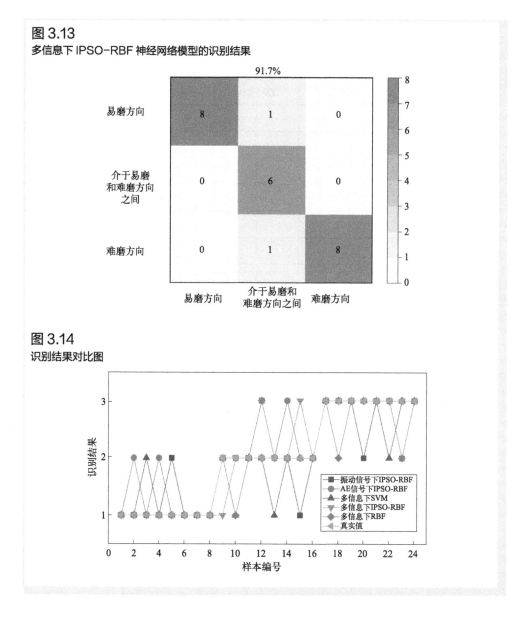

图 3.14
识别结果对比图

以上四种方法和 3.2.2 节中多信息特征下 RBF 神经网络模型的识别结果具体情况如图 3.14 和表 3-5 所示。在图 3.14 和表 3-5 中将易磨方向表示为 1，介于易磨和难磨方向之间表示为 2，难磨方向表示为 3。多信息特征融合情况下，IPSO-RBF 比 RBF 神经网络和 SVM 模型的识别准确率都要高。

表 3-5　不同方法下的刀具刃磨方向识别结果

样本编号	识别结果					
	真实值	振动信号下 IPSO-RBF	AE 信号下 IPSO-RBF	多信息下 SVM	多信息下 IPSO-RBF	多信息下 RBF
1	1	1	1	1	1	1
2	1	1	2	1	1	1
3	1	1	1	2	1	1
4	1	1	2	1	1	1
5	1	2	1	1	1	1
6	1	1	1	1	1	1
7	1	1	1	1	1	1
8	1	1	1	1	1	1
9	2	2	2	2	1	2
10	2	2	2	1	2	1
11	2	2	2	2	2	2
12	2	3	2	2	2	3
13	2	2	2	1	2	2
14	2	2	3	2	2	2
15	2	1	2	2	3	2
16	2	2	2	2	2	2
17	3	3	3	3	3	3
18	3	3	3	3	3	2

样本编号	识别结果					
	真实值	振动信号下 IPSO-RBF	AE 信号下 IPSO-RBF	多信息下 SVM	多信息下 IPSO-RBF	多信息下 RBF
19	3	3	3	3	3	3
20	3	2	3	3	3	3
21	3	3	3	3	3	3
22	3	3	3	2	3	3
23	3	2	3	3	3	2
24	3	3	3	3	3	3

由以上实验结果可知，优化后的 RBF 模型比未优化的具有更好的识别准确率，收敛速度更快；多信息特征下的 IPSO-RBF 模型比单一信号特征的识别准确率更高，有效利用了多信息特征的信息。因此，多信息融合下的 IPSO-RBF 模型非常适合刀具刃磨方向的在线识别。综上所述，IPSO-RBF 神经网络识别准确率高，收敛速度快，仿真耗时短，能有效提高刀具刃磨方向的识别准确率。证明了本文所提出的多信息融合和 IPSO-RBF 神经网络方法对单晶金刚石刀具刃磨方向的在线识别的可行性。

3.4
单晶金刚石刀具
分度刃磨

通过机械刃磨法加工圆弧刃单晶金刚石刀具的过程中，基本上是金刚石与金刚石的对磨，将刀具的刃磨角度回转来加工出圆弧形的后刀面，常用的加工圆弧刃刀具的方法是采取多面组合，进行小分度，做成近似于圆弧，后刀面圆弧分度刃磨[57]示意图如图 3.15 所示。

图 3.15
后刀面圆弧分度
刃磨示意图

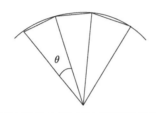

金刚石刃磨的部位和刃磨方向的不同，会导致磨削率也有很大的不同。因此，在加工圆弧刃单晶金刚石刀具之前，需要先采用 X 射线定向仪实现金刚石晶体的准确定向，找到第一个分度刃磨面的易磨方向。在刃磨一段时间之后，将刀具回转一个分度角 θ 刃磨下一个分度面，但此时刀具所刃磨的分度面不一定处于易磨方向上，需要控制电机在 x 轴、y 轴方向上移动，调整刀具在磨盘上的位置，使刃磨线速度方向与对应晶面易磨方向重合或者夹角满足要求即可，本文采用自动搜索寻优控制方法进行定位控制，找到每个分度面的易磨方向，在多面刃磨之后，完成圆弧刃的粗磨加工，形成近似圆弧的后刀面。

3.5
刀具刃磨方向的
在线优化方法

单晶金刚石刀具在加工出圆弧刃时，一般采用后刀面分度刃磨的制备方式，由于金刚石晶体的高硬度特点，为提高加工效率，须控制刀具在刃磨时及时找到每一圆弧段上的易磨方向，根据以上研究，可以根据所监测到的信号实时识别到当前刀具所处的刃磨方向，同时结合当前刃磨面晶面和晶向的特点，采用自寻优控制方法控制刀具在磨盘上试探移动，直至找到当前刃磨面的易磨方向，将信号特征的变化规律转化成机床结构实际的调控动作，为实现刃磨过程的自动化和智能化提供理论依据。

如前所述，金刚石材料的物理特性具有明显的方向差异性，对于同一刃磨面，沿不同方向进行刃磨时的磨削率是不同的，因而同一刃磨面上会表现出明显的难磨和易磨方向。在单晶金刚石刀具刃磨时，可在信号监测的辅助下对刀具刃磨位置进行移动，进而对刃磨方向进行调节，找到刃磨面的易磨方向，在确保刀具刃口轮廓精度的前提下实现刃磨面上磨削余量的快速去除。

关于刃磨方向的调节，主要问题是缺少信号特征信息，调节过程缺乏有效的控制方法。而通过以上所述工作，目前已经掌握了振动、AE 信号特征与刃磨方向之间的映射关系，可以实时对刃磨方向进行辨别。在掌握当前刃磨方向信息之后，可据此控制 x 轴向电机和 y 轴向电机移动刀具位置，改变刃磨方向（即刃磨线速度方向），使刃磨线速度方向处于或者靠近刃磨面最易磨的晶向上。

经典的最优控制需要被控对象的数学模型已知。而系统的复杂性和时变参数使建立精确的数学模型耗时耗力，需要巨大的工作量。在这种情况下，Oarper 和 Laning 等人提出了一个概念，即将设计人员事先应了解和掌握的被控对象的性质和特性转变为在控制系统运行过程中由系统自身完成。在运行过程中通过系统本身去"不断测量、理解"，进而确定当时系统运转的条件，然后根据某种优化准则对控制动作进行最优修改，使被控对象最终处于最优工作状态或次优工作状态。这种自动寻找最优工作点的方法即为自动搜索寻优控制方法[76]。

3.5.1
自动搜索寻优控制
基本原理

自寻优控制的一种典型模型如图 3.16 所示。控制对象可分解为一个具有极值特性的非线性环节和一个线性环节。若 $z(t)$ 可测量，$u(t)$ 可控制，优化指标定义为 $z(t)$ 最大。则极值调节器就是利用 $z(t)$ 来控制 $u(t)$，使 $z(t)$ 输出最大。

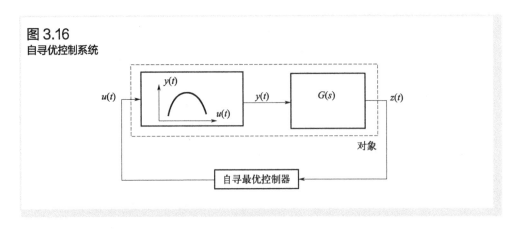

图 3.16
自寻优控制系统

自动搜索寻优控制的工作原理是基于被控对象的非线性特性，通过改变控制量并试探其对于目标性能的指标影响来确定相应的运转条件，使其达到或接近最优，能自适应地在变化环境下寻找最优工作点。被控对象不需要具有精确的数学模型表达式，但须具备非线性特性。最优值通过系统不断搜索、检测、计算和判断生产状态来进行确定。

3.5.2
自动搜索寻优控制的实现方法

搜索最优点的方法分为静态搜索法和动态搜索法两类。静态搜索法是一种通过解析问题的特性和设定的约束条件来寻找最优解的方法，而动态搜索法则是通过不断调整搜索策略和更新搜索过程中的信息来逐步寻找最优解。接下来将对这两种方法进行简单介绍。

3.5.2.1 静态搜索法

（1）测量导数法

该方法根据函数 $y = f(u)$ 的导数 dy/du 的符号和大小来进行判

单晶金刚石刀具
精准刃磨控制技术

断。如图 3.17 所示，u 和 y 之间的关系可近似表示为抛物线 $y = -k(u - a)^2 + b(k>0)$。如果当前位于 A_1 点，$dy/du>0$，则 u 要向变大方向前进；如果当前位于 A_2 点，$dy/du<0$，则 u 要向变小方向前进，直到 $dy/du = 0$，则停止前进，此处即为最优点 A。

图 3.17
测量导数法

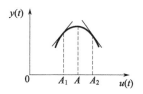

（2）相位控制法

该方法假设输入信号 u 由常量 u_0 和一个大小为 A、频率为 w 的余弦的导数波构成，即 $u = u_0 + A\sin wt$。若系统的线性特性为 $y = -ku^2$，则输出公式如式（3-16）所示。

$$y = -k\left(u_0^2 + \frac{A^2}{2}\right) - 2ku_0A\sin wt + \frac{k}{2}A^2\cos wt \qquad (3-16)$$

除去上式二次谐波，使用一次谐波作为寻找最佳控制点的信号。当位置在最佳控制点左侧时，控制对象输出的一次谐波相位和输入的余弦的导数信号相同。而当位置在最佳控制点右侧时，一次谐波相位和输入的正弦波信号的相位相差 180°。因此可以通过输入余弦的导数信号作为测试信号。根据系统输出信号相位的不同来确定最优点的前进方向，进而找到最优点。

（3）极值记忆法

该方法使用控制器储存输出信号的最大值，并与实际数值比较。当差值达到设定阈值后，控制器会改变电机的前进方向，并擦除先前储存的输出信号最大值。然后系统不断储存变大的实际数值。循环执行多次后，实际数值将在最优点附近不断波动，最后趋于最优点。

（4）步进搜索法[77]

该方法以一种试探性的方式输入信号，朝特定方向移动一小步，然后测量输出量的变化和方向。如果输出量增加，算法会反转方向；如果输出量减少，算法将继续向前移动一小步，直到输出量达到最小或者 0，即找到最优点。

3.5.2.2 动态搜索法

（1）预估对比动态寻找最优算法

对于图 4.1 所示的控制系统，设被控对象的线性环节的结构已知。该方法输入控制信号后，使用系统之前的非静态响应输出值判断以后的反应结果，再给出它以后的前进道路。

（2）相关分析法

该方法通过在信号 $u(t)$ 上添加伪随机信号 $M(t)$，然后计算输出信号 $z(t)$ 和信号 $u(t)$ 之间的互相关函数 $R_{ux}(u)$ 来判别自寻优方向，逐步向最优点靠近。它能有效抵御干扰，出错少，但比较费时。

3.5.3
刀具刃磨轨迹模型

在刃磨单晶金刚石圆弧刀具时，第一个面的晶向位置一般选在处于磨盘半径的中间位置刃磨接触点 A。这样既可以保证刃磨速度大小合适，又能使刀具刃磨时不至于受振动的影响，导致刀具质量下降。对后刀面进行分度刃磨加工出圆弧形，每一分度面刃磨结束之后，将刀具旋转一个分度角 θ 刃磨下一个分度面。由于金刚石晶体的各向异性，不同晶面上不同晶向的刃磨效率各不相同，通常根据金刚石晶体三种典型晶面即（100）晶面、（110）晶面和（111）晶面上的硬度分布曲线，在单晶金刚石刀具上通过目视或仪器测量方法找出分度面上的易磨方向。若加工圆弧刀具需要五个分度面依次刃磨，根据实验分析，可根据目视或者测量方法预先确定每一分度面易磨位置点，形成一条刃磨轨迹，如图 3.18 所示。在实际刃磨时，到达刃磨轨迹点后根据识别模型判断当前分度面刃磨方向是否为易磨方向，如果有偏差，根据本章研究的方向优化方法在轨迹点附近移动刀具位置，从而使刀具在易磨方向上进行刃磨。

图 3.18
刀具刃磨轨迹
示意图

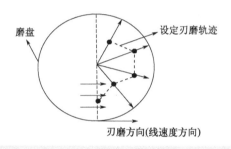

3.5.4
刀具刃磨位置与刃磨线速度方向的关系分析

要更好地控制刀具移动至刃磨面的易磨方向，还须掌握刀具刃磨设备的运动规律，从中分析出刀具刃磨位置与刃磨线速度方向之间的关系，刀具刃磨情况如图 3.19 所示。图中 O 点为磨盘中心轴回转中心，A 为刀具刃磨面与砂轮的接触点，在刃磨过程中一般使刃磨接触点 A 处于砂轮砂带的中间位置，具体位置设为坐标点 (x, y)。

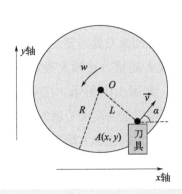

图 3.19
刀具刃磨线速度方向
示意图

可以看出，在刃磨接触点 A 处的刃磨线速度矢量 v 由坐标点距 O 点的长度 L 和角度 α 决定。即矢量 v 是 L 和 α 的函数，如式（3-17）所示。

$$v = F[L, \alpha] \qquad (3\text{-}17)$$

在刀具刃磨过程中，刃磨线速度矢量 v 的大小由主轴转速决定，方向由角度 α 决定。由几何关系可知，角度 α 可由式（3-18）求出。

$$\alpha = \arctan \frac{x - R}{y - R} \qquad (3\text{-}18)$$

由此可知，在砂轮转动过程中，改变刀具与砂轮的接触位置，会依照式（3-18）的形式使接触点处的刃磨线速度方向发生改变。因此，根据这一原理就可以实现刃磨方向的调节。

3.5.5
刀具刃磨方向的
在线优化

目前在单晶金刚石圆弧刀具的制备中，采用分度刃磨形式，大多是在刃磨过程中离线确定每个分度刃磨面的易磨方向，依赖人工或者仪器进行判断，经验要求高，耗时长。为提高刀具的刃磨效率，在研究单晶金刚石刀具在线识别的基础上，研究了单晶金刚石刀具刃磨方向的在线优化方法，刀具刃磨方向在线寻优控制框图如图 3.20 所示，采用第 2 章所述方法，在实时得到信号各个特征参数值之后，按照第 3 章所述方法中已训练好的 IPSO-RBF 神经网络可识别信号样本的刃磨方向，实时判断出刃磨方向是属于易磨方向、难磨方向还是介于易磨和难磨方向之间，通过比较实际刃磨方向和预期易磨方向之间的偏差，并将这个差异进行处理得到平方误差损失值，据此判断此时刀具刃磨方向距离预期易磨方向的差距大小，进而自动搜索寻优控制器调整输出，使执行机构（机床的 X 轴电机和 Y 轴电机）移动刀具，改变刃磨方向，以使刀具位置达到或者接近于易磨方向。

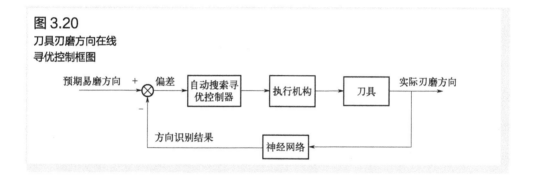

图 3.20
刀具刃磨方向在线
寻优控制框图

3.5.6
构造刀具刃磨方向的偏差函数

为了更好地优化刀具的刃磨方向，需要了解当前刀具刃磨方向距离预期易磨方向的偏差情况。这就需要构造出一个"偏差函数"，用偏差函数值代表偏差大小，偏差函数中的变量参数是刀具位置在 x、y 轴上的位移量 Δx、Δy。通过逐步调整偏差函数的参数，使得偏差函数逐渐变小，取得极小值，即参数逐渐优化到最佳，从而得到最合适的位置参数，使刀具刃磨面最接近易磨方向。因此如何构造出一个合理的偏差函数，是通过自动搜索寻优控制方法优化刀具刃磨方向的关键，一旦偏差函数确定，接下来就是求解最优值的问题。

基于所述方法所得到的刀具刃磨方向识别结果，其本质是属于特征分类问题。分类问题预测的是类别，模型的输出应该是概率分布，比如一个三分类问题的输出是 [0.2, 0.7, 0.1]，就是每一种类别识别出来的概率，最后取最大的那个作为识别的结果。分类问题的偏差函数需要衡量目标类别与当前识别类别的差距。这个时候用目标向量与识别向量进行平方误差损失值求解，就可以判断出当前位置参数的优劣，并进行进一步的优化。

三分类问题可采用独热编码（即 One-Hot 编码）来制作标签，将信号的离散特征转换为向量表示。识别到的三个方向刃磨方向：易磨方向、介于易磨和难磨方向之间以及难磨方向，可分别用 [1 0 0]、[0 1 0] 和 [0 0 1] 表示。基于此，构造出的偏差函数如式（3-19）所示。

$$z = \frac{1}{n}\sum_{i}^{n} k_i (\boldsymbol{b}_i - \boldsymbol{a}_i)^2 \quad (i = 1, 2, 3) \tag{3-19}$$

式中，z 为当前刀具刃磨方向距离预期易磨方向的偏差情况；$\boldsymbol{a}_i$ 为目标类别向量；$\boldsymbol{b}_i$ 为当前识别类别向量；k_i 为权值系数。权值系数 k_i 的确定要根据具体试验情况所决定，经不断尝试后确定 $k_i =$（1.6, 1.2, 1）时最为合适。

3.5.7
基于步进搜索法的刀具刃磨方向在线优化及实验分析

单晶金刚石圆弧刀具的刃磨系统非常复杂，受影响的因素多、回路多且相互关联、非线性等交织在一起。要建立数学模型是困难的，即便建立也是复杂的，没有实用价值。步进搜索法是自动搜索寻优控制方法中应用比较广泛的一种，不需要数学模型，就可用于自动搜索寻优控制问题最优值的求解。通过迭代的方式，不断调整控制变量的取值，使得偏差函数的值逐渐减小，直到达到最小值或近似最小值。

刀具在磨盘上的位置 (x, y) 变化会影响偏差函数值的大小，对于这样两个变量的寻优系统可有多种实现方法。本文基于自动搜索寻优控制方法中的步进搜索法控制刀具位置的改变。如图 3.21 所示，根据对刃磨机床特性的了解可以大体确定坐标参数的寻找范围，并找到确定的起始点 (x_0, y_0)。在给定起始点后，先沿 x 坐标轴正向增加一步 Δx_i，Δx_i 称为步距。此时计算偏差函数值变化量 $\Delta z_i = z_i - z_{i-1}$，若 $\Delta z_i < 0$，即偏差函数值变小，则说明此时刀具在往易磨方向移动，寻优方向是正确的。下一步便是按照式（3-20）继续沿 x 坐标轴正向增加下一步 Δx_{i+1}，步距 Δx_{i+1} 的大小与 Δz_i 相关。若 $\Delta z_i > 0$，即偏差函数值变大，则说明此时刀具在远离易磨方向，寻优方向错误，则按照式（3-20）沿 x 坐标轴负向增加下一步 Δx_{i+1}。在 x 坐标轴上移动的过程中，若出现偏差函数值不断减小直到前进一步后出现偏差函数值增大的情况时，退回半步，认为此时 x 坐标轴上的位置坐标已到达最优值，在接下来的刀具移动中保持不变。

$$\Delta x_{i+1} = -\left|k\Delta z_i\right| \mathrm{sign}(\Delta z_i \Delta x_i) \tag{3-20}$$

$$\Delta y_{i+1} = -\left|k\Delta z_i\right| \mathrm{sign}(\Delta z_i \Delta y_i) \tag{3-21}$$

然后沿 y 坐标轴正向增加下一步 y_i，它的下一步 Δy_{i+1} 按照式（3-21）进行移动。之后的移动规律同上面 x 坐标轴上的相同，当找到 y 坐标轴上的位置坐标最优值时，对两个轴向都已经搜索成功，可确认寻优结束。当前位置即可确定为单晶金刚石刀具分度刃磨面的易磨方向，当刃磨一段时间之后，刀具转到下一分度面，继续按照以上寻优方法搜索此时刃磨面的易磨方向，直到单晶金刚石圆弧刀具刃磨完成。采用步长可变的步进搜索法可实现在线优化刀具刃磨方向，没有了离线金刚石晶体定向的时间，更加自动化和智能化，有效提高了刀具的刃磨效率。

图 3.21
搜索过程示意图

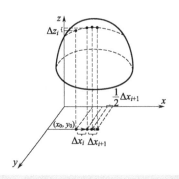

实验以（100）晶面为刃磨面，以该刃磨面上的易磨方向为标准，设定刃磨方向与易磨方向的角度差，分别实验对比人工调节、声发射监测、振动监测和融合信号监测下的自动调节这几种方式。在人工调节情况下，刃磨方向的调节主要凭借操作者的个人经验，实验中得出的调节时间会因人而异、因时而异，具有较大的不确定性，仅作参考。在自动调节方式下，振动、AE 信号的特征参数和 x 轴、y 轴的调整量可在监测软件上显示，并由刃磨机床按照 3.5.7 节"基于步进搜索法的刀具刃磨方向在线优化及实验分析"方法调整执行到位，实验结果如表 3-6 所示。

实验共进行 5 次，实验中设定的刃磨方向初始偏差角分别为 5°、8°、12°、15° 和 18°。从表 3-6 所示的结果可以看出，人工调节的调节时间较长，基本在 3min 左右，而自动调节的时间明显更短，基本在 2min 左右。融合信号监测下的自动调节比声发射或者振动监测下的时间都要短，能少 1min 左右。因此从刃磨操作的实际效果来看，有了振动、AE 信号监测程序的辅助，刃磨方向的调节过程有了量化的信息，监测程序给出 x 轴和 y 轴的建议调整量，据此刃磨机床对各运动轴完成相应的控制操作，各次实验时都能够快速地将刃磨方向调节到位，最大限度地减少了现场操作的盲目性和经验性，刃磨方向调节的准确性和效率得到大大提高。

表 3-6 单晶金刚石刀具刃磨中刃磨方向调节实验结果

序号	与易磨方向的角度差	调节时间 /min			
		人工调节	声发射监测下的自动调节	振动监测下的自动调节	多信息监测下的自动调节
1	5°	2.8	2.4	2.3	1.2
2	8°	2.5	2.1	2.5	1.5
3	12°	3.2	2.7	2.2	1.4
4	15°	3.6	2.9	2.3	1.7
5	18°	3.4	2.6	2.7	1.6

本章小结

本章介绍了 RBF 神经网络结构、RBF 神经网络学习算法及 RBF 神经网络优化方法。首先,采用 RBF 神经网络建立多信息特征参数与金刚石刃磨方向之间的映射关系,针对 RBF 神经网络识别精度不足的缺点,利用 PSO 算法优化 RBF 神经网络的参数。然后,针对 PSO 算法的不足进行了改进,利用两个测试函数对其改进后的性能进行说明,使用 IPSO 算法确定所建立的模型中径向基函数的中心点、宽度和连接权值。最后通过实验验证了优化后的模型 IPSO-RBF 具有更好的识别准确率,能为刀具刃磨方向在线优化方法的研究提供准确的识别信息。

同时,对分度刃磨过程刀具刃磨方向在线优化方法进行研究。首先,给出了圆弧刀具分度刃磨轨迹,构造了刀具刃磨方向的偏差函数,通过比较实际刃磨方向和预期易磨方向之间的偏差,并将这个差异进行处理得到平方误差损失值,据此判断此时刀具刃磨方向距离预期易磨方向的差距大小。然后,根据差距大小采用步进搜索法改变步长,调整刀具在磨盘上的位置,找到最佳刃磨方向,即刃磨"软磨"方向进行分度刃磨。

单晶金刚石刀具
精准刃磨控制技术

第 **4** 章
刃磨过程刀具振动信号控制方法

4.1　刃磨振动控制方法

4.2　内模控制方法

4.3　采用模糊神经网络改进内模控制

4.4　模糊神经网络与内模控制相结合

4.5　模糊神经网络鲁棒内模控制方法

本章小结

在单晶金刚石刃磨过程中，刀具振动会导致刀具和磨盘之间产生多余的相对运动，这种相对运动会严重影响刀具质量，甚至会使刀具产生崩口、微豁等缺陷。因此，控制刃磨过程中刀具的振动至关重要，为了解决这一问题，本书提出了改进鲁棒性的内模控制（Robust-IMC）和模糊神经网络（FNN）相结合的控制方法，利用模糊神经网络调节内模控制器的滤波时间常数，通过添加局部反馈回路构成鲁棒内模控制，并驱动步进电机移动配重，控制刀具施加在磨盘上的刃磨载荷，从而减小刀具振动，减小刀具的钝圆半径和表面粗糙度，以提升刀具刃磨质量。

4.1
刃磨振动控制方法

4.1.1
影响刀具刃磨振动相关扰动

在单晶金刚石刀具刃磨过程中，很多扰动影响刀具振动，其中影响较大的几个扰动均为不可测扰动，分析如下。

（1）研磨盘端面跳动对刀具振动影响

单晶金刚石刀具刀面受到周期性冲击力的影响，会产生研磨盘端跳动。随着端跳抖动的加剧，刀具振动幅度也随之增大，从而加强冲击力的作用。巨大的冲击力会对磨盘磨粒和刀具研磨面的相互接触造成影响，进而影响刀具的刃磨质量。在最糟糕的情况下，这种冲击力可能会导致单晶金刚石晶体表面结构的破坏，进而损害刀具的刃口。

（2）砂轮与刀具接触和研磨力干扰对刀具振动的影响

除了研磨盘出现端跳抖动导致强制性冲击力的影响，砂轮与刀具接触和研磨力的干扰也会对刀具的刃磨质量产生影响[78]。砂轮对刀具的接触力、研磨力以及刀具的研磨方向，都是影响刃磨质量的关键因素。因此，在刃磨刀具时，合理确定磨削参数和选用适宜的砂轮尤为关键，使刀具磨损平整且光滑，同时延长使用寿命和提高质量。

（3）磨盘表面磨粒对单晶金刚石刀具的影响

磨盘表面磨粒的质量和大小[79]、磨盘的硬度和材料、线速度和切削力的大小等因素直接影响切削力和砂轮磨削力，进而对单晶金刚石刀具的表面粗糙度、形状精度和切削质量产生影响。此外，过快的线速度或过大的切削力还会导致研磨温度上升，导致单晶金刚石刀具刃口破裂，严重缩短刀具寿命。

4.1.2
刀具刃磨振动控制思路及实施方式

单晶金刚石刀具刃磨过程是一个受多个工艺参数和干扰因素影响的复杂控制过程，4.1.1 节分析的几种干扰，在刀具刃磨过程中对振动的影响均不可测量。针对刀具刃磨过程这一特点，本文提出采用对输出可测、扰动不可测的过程，具有较好控制效果的改进鲁棒性的内模控制器（Robust-IMC）和模糊神经网络（FNN）结合的控制方法。该方法利用模糊神经网络调节内模控制器的滤波时间常数，通过添加局部反馈回路构成鲁棒内模控制方法，控制刀具刃磨过程的振动，提高刃磨过程控制效果，控制系统框图如图 4.1 所示。

图 4.1
控制系统框图

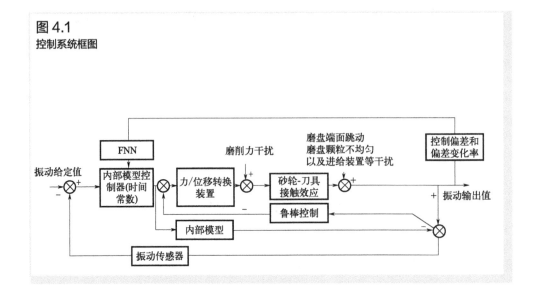

4.2
内模控制方法

内模控制[80]的基本思想是将系统的内部动态特性抽象成一个数学模型，然后利用这个模型来设计控制器，使得系统的输出能够按照预定的要求进行调节，这种控制方法的核心在于通过对系统的内部模型进行建模和分析，从而实现对系统动态特性的精确描述和控制，与传统的控制方法相比，内模控制原理具有更好的鲁棒性和适应性，能有效应对系统参数变化和外界干扰。

4.2.1
内模控制结构及控制器设计

内模控制[81]（internal mode control，IMC）是一种基于对象数学

模型进行控制器设计的控制策略，相比其他控制算法设计更加简单，但能够提供出色的控制性能，同时也更易于进行在线分析，从而实现高效的控制效果。内模控制的基本结构包括被控对象 $G_{m}(s)$、内部模型 $G_{\hat{m}}(s)$、内模控制器 $G_{IMC}(s)$、反馈滤波器 $G_{f}(s)$ 和参考输入滤波器 w 以及输出 y，这种设计可以有效地应对外部不可测的干扰 f，内模控制基本结构框图如图 4.2 所示。

图 4.2
内模控制基本
结构框图

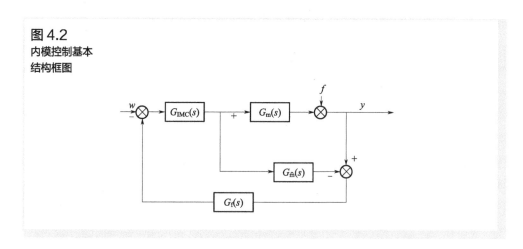

若 $G_{IMC}(s)=1/G_{\hat{m}}(s)$ 是理想控制器，模型是理想模型，当 $w=y$ 时，在不可扰动 f 的作用下，$y=0$，由此可知，理想控制器具有无误差跟踪参考输入及完全抵抗干扰的效果。理论上，$G_{IMC}(s)=1/G_{\hat{m}}(s)$，而当出现被控过程 $G_{m}(s)$ 含有右半平面零点，此时 $G_{\hat{m}}(s)$ 可分解为两项：$G_{\hat{m}+}(s)$ 和 $G_{\hat{m}-}(s)$，$G_{\hat{m}+}(s)$ 为内模控制中包含纯滞后和不稳定零点的部分，$G_{\hat{m}-}(s)$ 模型中的最小相位部分。如式（4-1）所示。

$$G_{\hat{m}}(s) = G_{\hat{m}+}(s) + G_{\hat{m}-}(s) \tag{4-1}$$

因为假设 $G_{m}(s)=G_{\hat{m}}(s)$，而控制器 $G_{IMC}(s)=1/G_{\hat{m}}(s)$，右半平面极点会对控制器 $G_{IMC}(s)$ 和闭环系统造成不稳定的影响，所以在设计 IMC 控制器时必须在最小相位 $G_{\hat{m}-}(s)$ 的逆上增加滤波器，以确保系统的稳定性和鲁棒性。通过调整滤波器的结构和参数，可以达到理想的动态品质和鲁棒性。IMC 控制器的定义，如式（4-2）所示。

$$G_{\text{IMC}}(s) = h(s) / G_{\hat{m}^-}(s) \tag{4-2}$$

式中，$h(s)$ 为低通滤波器，如式（4-3）所示。

$$h(s) = 1 / h(s) = 1 / (1 + as)^r \tag{4-3}$$

式中，a 为滤波时间常数，是内模控制器仅有的设计参数[82]，对其进行优化调整，以提高系统的稳定性和跟踪效果。

4.2.2
内模控制特性
理论分析

（1）模型匹配对系统性能影响分析

当模型匹配时[83]，如果内模控制器采用理想控制器，根据图 4.2 可以推导出，在系统受到干扰 f 的影响时，系统的输出始终保持与输入设定值相等，即 $w = y$。这表明系统可以有效地抑制任何干扰 f，并且能够实现对输入的无误差跟踪。

当模型匹配时，理想控制器的特性存在并且在控制器 $G_{\text{IMC}}(s)$ 可以实现的条件下实现。然而，由于对象中常见的时滞和惯性环节，可能 $G_{\hat{m}^{-1}}(s)$ 会出现纯超前或纯微分环节，导致理想控制器难以实现。此外，对于具有反向特性的过程，在其中可能存在不稳定的零点，甚至 $G_{\hat{m}^{-1}}(s)$ 可能出现不稳定的极点。总之，对于非最小相位过程的被控对象，不能直接采用上述理想控制器设计方法。反而，需要对对象模型进行分解，并利用含有稳定零点和稳定极点的部分进行控制器和滤波器的设计。根据图 4.2 的推导，可得出在系统稳态时和受到任何干扰 f 作用下，系统输出等于输入设定值，即 $w(0) = y(0)$。

（2）模型失配对系统性能影响分析

① 类型 1：即 $G_{\text{m}}(s) \neq G_{\hat{m}}(s)$，只要控制器设计满足 $G_{\text{IMC}}(0) =$

$G_{\hat{m}}(0)$，因此，根据稳态增益的关系，可以判断控制系统的类型为 1型。在这种类型的系统中，对于阶跃输入和干扰，不存在稳态误差，表达式 [84] 如式（4-4）所示。

$$E(s) = w - y = \frac{1 - G_{IMC}(s)G_{\hat{m}}(s)}{1 + G_{IMC}(s) - G_{\hat{m}}(s)}(w - f) \tag{4-4}$$

若 $G_{IMC}(0) = G_{\hat{m}^{-1}}(0)$，则对于阶跃输入和扰动，由终值定理可知，稳态偏差 e（∞）为零。

② 类型 2：即 $G_m(s) \neq G_{\hat{m}}(s)$，只要选择 $G_{IMC}(s)$，使 $G_{\hat{m}}(s)$ 满足 $G_{IMC}(0) = G_{\hat{m}^{-1}}(0)$，且 $d[G_{\hat{m}}(s)G_{IMC}(s)]_{s=0} / ds = 0$ 则系统属于类型 2，通过终值定理可推导出，系统对于所有斜坡输入和干扰都没有稳态偏差。

4.2.3
内模控制的优势与
不足

内模控制是一种先进的控制方法，具有许多优势和一些不足。内模控制可以更好地适应外部扰动和不确定性，从而保持系统的稳定性。并且内模控制具有更好的适应能力和灵活性。由于内模控制可以根据系统的实际需求调整参数，因此可以更好地适应不同的工况和控制要求。内模控制还可以提高系统的响应速度和控制精度。通过建立准确的内部模型，内模控制可以更好地预测系统的动态行为，并采取相应的控制策略，从而实现更快的响应速度和更高的控制精度。

内模控制还存在一些实施难题。内模控制的设计和参数调整相对复杂。由于内模控制需要建立系统的内部模型，并设计相应的控制策略，因此需要对系统的动态特性有深入的了解。选择合适的滤波器参数 a 是提高系统对给定值快速跟踪能力、对扰动抑制能力的关键参数。

4.3
采用模糊神经网络
改进内模控制

4.3.1
模糊控制

模糊控制原理[85]是一种基于模糊逻辑理论的控制方法。模糊控制原理的核心思想是将人类的模糊思维应用到控制系统中，通过模糊控制器对系统进行控制，以达到期望的控制效果。在传统的控制系统中，输入和输出之间的关系通常是通过精确的数学模型来描述的，但是在实际应用中，由于系统的非线性和不确定性，很难建立准确的模型。而模糊控制原理则通过模糊集合和模糊规则来描述输入和输出之间的关系，从而能够有效应对系统的复杂性和不确定性。

模糊控制原理的基本步骤[86]包括模糊化、模糊推理和去模糊化，模糊规则框图如图 4.3 所示。首先，将输入信号进行模糊化处理，将其转化为模糊集合。然后，通过模糊规则对模糊集合进行推理，得到相应的输出信号的模糊集合。最后，将输出信号的模糊集合进行去模糊化处理，得到具体的输出值。

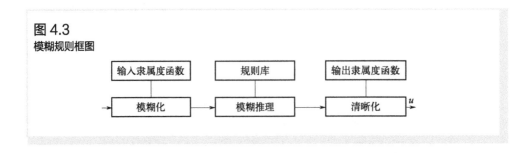

图 4.3
模糊规则框图

4.3.2
模糊神经网络

模糊神经网络 [87] 是一种基于模糊逻辑的神经网络模型，其主要用于处理模糊信息和不确定性的问题。模糊神经网络可以将输入数据映射到一个模糊集合中，然后通过一系列的模糊规则进行求解，最终输出一个模糊集合。模糊神经网络的基本原理在于将实际数据映射到模糊集合，并利用模糊规则来处理数据，最终输出模糊集合。模糊集合是一种介于 0 和 1 之间的模糊值，代表了某个事物的隶属度。模糊神经网络作为被控对象的内部模型，同时建立模糊神经网络作为内模控制器在线修正、补偿内部模型与实际被控对象之间的模型失配。

设模糊集 A_i（i=1, 2, …, 7）的论域为 $u_1, u_2, …, u_n$，模糊集 B_i（i=1, 2, …, 7）的论域为 $v_1, v_2, …, v_m$，这里 A_i（i=1, 2, …, 7）分别表示 { 负大（NL），负中（NM），负小（NS），零（ZR），正小（PS），正中（PM），正大（PL）}；而 B_i（i=1, 2, …, 7）分别表示 { 正大（PL），正中（PM），正小（PS），零（ZR），负小（NS），负中（NM），负大（NL）}，例如，A、B 都表示 NL，但它们是不同论域上的模糊集，所以它们是不同的，其他也是如此。隶属函数曲线图如图 4.4 所示。

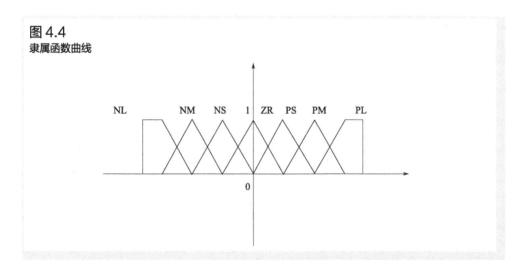

图 4.4
隶属函数曲线

4.3.3
模糊神经网络的
优势

模糊神经网络具有逼近任意给定的连续映射能力，这意味着它可以高效地处理多种复杂的问题[88]。神经网络作为并行处理机，能够实现协同处理，从而提高系统的整体效率。采用分布式存储方式使网络即使部分受损仍能继续工作并恢复信息，增强了系统的稳定性和可靠性。此外，模糊理论的应用有效表示了模糊信息和不确定性，使系统模型更贴近现实，并提高了模型的准确性和可靠性。

4.4
模糊神经网络与
内模控制相结合

4.4.1
控制结构与原理

选择合适的滤波器参数 a 可以对系统的响应速度和抑制能力进行调节。较小的滤波时间参数可以提高系统的响应速度，但可能会引入更多的噪声；较大的滤波时间参数可以减小噪声的影响，但会降低系统的响应速度。因此，根据具体的控制要求和系统特性，选择合适的滤波时间参数可以优化系统的性能。

模糊神经网络可以根据振动偏差及偏差变化率在线修正滤波时间常数、补偿内模控制器固定时间常数影响控制性能的缺点。

本文将模糊控制和神经网络（简称 FNN）结合[89]优化滤波器参数 a 的方法是将刀具振动偏差 e 和偏差的变化率 de 送入训练

好的 FNN，利用模糊推理方法对其进行处理和推理。通过输入的偏差和偏差变化率，可以匹配出满足条件的模糊规则，并根据规则的推理结果确定最终的滤波器参数 a 值。根据偏差大小和偏差变化率，动态调整滤波器时间常数 a，利用网络学习到的参数动态调整权值，加快神经网络收敛速度，提高控制系统响应速度和稳定性。在线调整滤波器参数 a，抑制干扰信号，提高系统鲁棒性。模糊神经网络包括输入层、推理层、规则层和输出层。其网络结构如图 4.5 所示[90]。

图 4.5
模糊神经网络结构

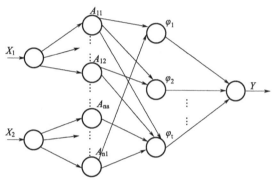

输入层：e 是偏差值，de 是偏差变化率，将 $[e, de]$ 作为输入值直接传递给下一层。

推理层：采用高斯函数对输入量进行模糊化处理，将其转换为模糊值。

规则层：每个节点输出可表示相应模糊规则的激活程度。过程如式（4-5）所示。

$$b_j = \sum_{i=1}^{n} \mu_{ij} x(n) \tag{4-5}$$

式中，$j=1, 2, \cdots, p$，p 代表规则层神经元数，即模糊规则数。

输出层：即反向推理层（defuzzification layer），它接收到模糊输出，并通过一定的算法将其转换为清晰输出。这个过程称为去模糊化，其目的是实现清晰化计算，使得系统的输出更加准确。过程如式（4-6）所示。

$$b = \sum_{j=1}^{r} w_j \left(b_j \div \sum_{j=1}^{r} b_j \right) \tag{4-6}$$

式中，w 代表规则层和输出层之间的连接权值；b 代表模糊神经网络输出值。

根据上述分析，通过优化调整内模控制的滤波器参数 a，可以改善系统的控制品质。在 IMC 控制器中，只存在一个可调参数 a，这个参数影响系统的响应速度，并且与闭环带宽近似成正比。

4.4.2
FNN-IMC 控制方法仿真分析

采用 Matlab 中的 simulink 工具箱进行仿真分析。针对刀具刃磨的控制特点，对 FNN-IMC 控制方法进行仿真分析，根据第 2 章所建数学模型，匹配模型如式（4-7）所示，失配模型如式（4-8）所示。采样周期为 10ms，仿真时长为 80s，IMC 控制系统的滤波器初始参数 a=0.973，r=0.2，控制系统的设定值输入信号为 $r(t) = l(t)$，干扰输入信号为 $d(t) = -l(t-25)$，即在时间 t=25 时，加入幅值为 -1 的阶跃干扰信号系统的干扰抑制。

$$G_{\hat{m}}(s) = \frac{1}{5s+1} e^{-2s} \tag{4-7}$$

$$G_{\hat{m}}(s) = \frac{1}{4.93+1} e^{-2s} \tag{4-8}$$

针对模型匹配 - 无扰动仿真曲线如图 4.6 所示。

模型匹配 - 有扰动仿真曲线如图 4.7 所示。

模型失配 - 无扰动仿真曲线如图 4.8 所示。

模型失配 - 有扰动仿真曲线如图 4.9 所示。

图 4.6

模型匹配 - 无扰动仿真曲线

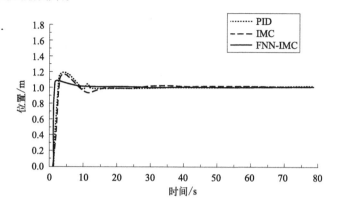

图 4.7

模型匹配 - 有扰动仿真曲线

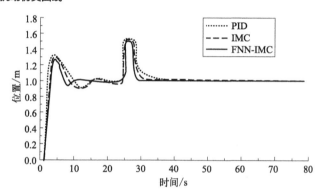

图 4.8

模型失配 - 无扰动仿真曲线

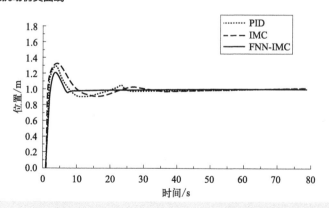

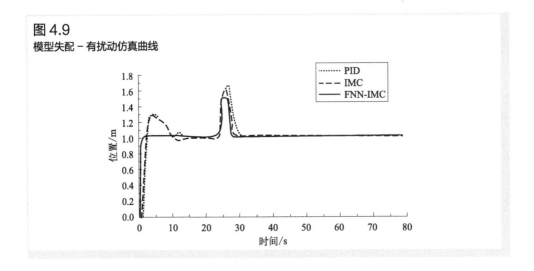

图 4.9
模型失配－有扰动仿真曲线

超调：超调量（overshoot）在阶跃输入作用下，被调量的瞬时最大偏差值（X_{max}）与稳态值 $[X(\infty)]$ 之比。一般用百分比表示。

超调量 $= [X_{max} - X(\infty)] / X(\infty) \times 100\%$ 在阶跃输入的瞬态响应中，超调量和上升时间是互相矛盾的，即两者不能得到比较小的数值。

ISE：积分平方误差（integrated square error，ISE）是用于衡量两个连续函数之间差异的度量方式。它在信号处理、图像处理和其他科学领域中经常被使用。ISE 衡量的是两个函数在一定区间上的差异，即它们的平方误差的积分值。

假设有两个连续函数 $f(x)$ 和 $g(x)$，想要比较它们在区间 $[a, b]$ 上的差异。ISE 可以通过以下公式计算：$ISE = \int [a,b][f(x) - g(x)]^2 dx$。

当 ISE 值较小时，意味着两个函数较为接近，系统越稳定；当 ISE 值较大时，意味着它们之间的差异较大，系统越不稳定。这两种指标结合起来可以综合评价系统的性能，超调指标可以评估系统的稳定性，ISE 改写可以评估系统的精确性，通过综合考虑这两个指标，可以得出一个更全面的评价系统性能的结果，控制系统性能指标对照表如表 4-1 所示。

表 4-1 控制系统性能指标对照表

项目	设定值跟随特性				干扰抑制特性	
	模型匹配		模型失配		模型匹配	模型失配
	超调	ISE	超调	ISE	ISE	ISE
PID	0.133	0.503	0.143	0.601	0.584	0.663
IMC	0.132	0.490	0.140	0.507	0.546	0.654
FNN-IMC	0.125	0.453	0.131	0.462	0.513	0.632

经过对比可以看出，相比 PID 算法、IMC 算法，本文方法可使系统更快达到设定值，且有较小超调，ISE 值更小。在干扰输入作用下，本文方法能够更快地恢复稳定状态，具有较好的实时性能和计算效率。通过对系统的状态进行实时监测和调整，可以及时响应外部干扰和变化，保证系统的稳定性和性能。虽然采用模糊神经网络可以自适应调节滤波时间常数 a 以改善负载抗扰性能，但内模控制器的输出可能超过饱和极限，这将在一定程度上降低跟踪性能，其原因是如果不存在模型误差和干扰，则 IMC 系统将成为开环系统，由于控制输入饱和，可能会丢失一些期望的控制信息，从而产生短视性，严重降低控制系统的性能。

4.5
模糊神经网络鲁棒内模控制方法

4.5.1
优化控制结构与原理

为了解决上述问题，针对标准 IMC 方法存在的问题，本研究对内模控制进行了改进，以提升对控制输入饱和、速度跟踪和抗负载干扰性能的效果。设计了鲁棒内模控制，在标准 IMC 方法的基础上，提出了一种改进的 IMC 方案，该方法在不损害跟踪能力的情况下，提高了对扰动的抑制能力，并增强了对建模误差的鲁棒性。通过对滤波器参数 a 的优化调整，可以同时满足快速响应和系统鲁棒性的要求，这种改进的方法可以提高单晶金刚石刀具刃磨过程刀具振动的控制性能，使系统能够更好地抵抗外部干扰和建模误差的影响。

4.5.2
鲁棒内模控制结构设计

模型不匹配的 IMC 系统，就像传统的反馈回路一样，即使回路的每个组件都是稳定的，系统也可能是不稳定的，这意味着，为了有效地利用现有的 IMC 理论，最理想的是减少和限制控制系统内的不确定性[91]。基于上述考虑，本文提出了一种降低 IMC 系统不确定性和增强系统鲁棒性的新方案，该方案基于传统的内模控制系统结构，在原 IMC 系统上附加了一条额外的路径，其中 $G_{C_2}(s)$ 为互补 IMC 补偿器，$\boldsymbol{B}$ 为纯增益权矩阵，通过在原始 IMC 系统中插入这条额外的路径，由模型误差产生的补充控制被注入到原始 IMC 控制器的输出中，结果表明，在保留内模控制结构固有优点的同时，通过适当的结构修改可以进一步提高内模控制系统的鲁棒性，模糊神经网络与鲁棒内模控制结构图如图 4.10 所示。

图 4.10
模糊神经网络与鲁棒内模
控制结构图

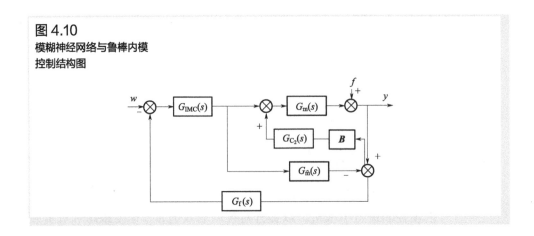

如果与互补（IMC）补偿器相关的增益 B 足够大，这意味着得到的补偿装置 $G_{CP}(s)$ 的性能将与模型 $G_{\hat{m}}(s)$ 的性能几乎相同。如图 4.11 所示。

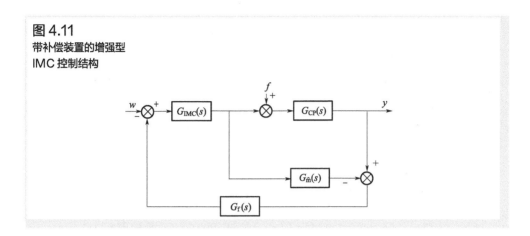

图 4.11
带补偿装置的增强型
IMC 控制结构

输入到输出传递函数如式（4-9）所示。

$$G(s) = \frac{G_{IMC}(s)G_m(s)\left[1 + G_{\hat{m}}(s)BG_{c_2}(s)\right]}{1 + G_{IMC}(s)\left[G_m(s) - G_{\hat{m}}(s)\right] + G_m(s)BG_{c_2}(s)} \tag{4-9}$$

4.5.3
鲁棒控制器 $G_{C_2}(s)$ 设计

增加控制器 $G_{c_2}(s)$ 的目的，一方面是对模型不匹配的被控对象 $G_{CP}(s)$ 进行补偿，使其逼近所设计的模型 $G_{\hat{m}}(s)$，为了提高系统的跟踪能力和抗负载干扰能力，从而提高系统对模型误差的鲁棒性；另一方面，这相当于在常规内模控制的基础上引入了扰动观测器 [92]，以增强抑制扰动的能力，扰动观测器在控制系统中具有许多优点 [93]：

① 强鲁棒性：扰动观测器能够对系统的内部和外部扰动具有很强的鲁棒性，可以通过实时估计扰动信号并进行补偿，从而减小扰动对系统控制性能的影响；

② 快速响应：扰动观测器能够实时估计扰动信号，迅速响应并补偿扰动，这使得系统能够快速适应外部环境的变化，并保持良好的

控制性能；

③ 无需精确模型：扰动观测器不需要系统的精确数学模型，只需要对系统的输入和输出信号进行测量和估计，这使得扰动观测器更加灵活和适用于各种实际应用中。

引入扰动观测器是一种简单、有效且成本较低的方法，可以帮助系统抵抗各种内部和外部扰动，提高系统的性能和鲁棒性，它在许多控制应用中都有广泛的应用潜力。当建模准确时，鲁棒内模控制输入到输出的传递函数与常规内模控制基本相同，依旧保持内模控制的优良控制性能，对本文提出的增强方案进行必要的修改是简单而有效的。因此，$G_{C_2}(s)$ 的设计与内模控制器 $G_{IMC}(s)$ 的设计无关，通过分析和数值研究，验证和证明了结构修改对 IMC 系统鲁棒性提高的贡献，在确保控制器 $G_{C_2}(s)$ 和等效被控对象稳定的前提下，可以独立设计 $G_{C_2}(s)$ 和 $G_{IMC}(s)$。$G_{C_2}(s)=3s+1/s+2$，这样的 $G_{C_2}(s)$ 能稳定 $G_m(s)$。

上述结论还表明了改进型 IMC 系统的鲁棒跟踪条件与附加反馈环节 $G_{C_2}(s)$ 和 B 无关，$G_{C_2}(s)$ 和 B 的作用除了稳定 $G_m(s)$ 外，还可用来改善系统的动态响应性能。其设计类似于常规反馈控制器，有多种现成的方法可利用，如经典频域方法、H2/H ∞优化法等。

4.5.4
FNN-Robust-IMC 控制方法仿真分析

采用 Matlab 中的 simulink 工具箱进行仿真分析，验证本文所提方法的有效性。针对刀具刃磨的控制特点，匹配模型如式（4-7）所示，失配模型如式（4-8）所示。采样周期为 10ms，仿真时长为 12s，IMC 控制系统的初始滤波器参数 a=0.973，r=0.2，控制系统的设定值输入信号为 $r(t) = l(t)$，干扰输入信号为 $d(t) = -l(t-4.5)$，即在时间 t=4.5 时，加入幅值为 1 的阶跃干扰信号系统的干扰抑制。根据第 2 章所建数学模型式（2-28）所示。

针对模型匹配 - 无扰动、模型匹配 - 有扰动、模型失配 - 无扰动、模型失配 - 有扰动四种情况，分别采用常规内模控制（IMC）、

单晶金刚石刀具
精准刃磨控制技术

模糊神经网络内模控制（FNN-IMC）及模糊神经网络鲁棒内模控制（FNN-Robust-IMC）进行系统仿真分析与比较，4 种控制方法的仿真曲线如图 4.12～图 4.15 所示。

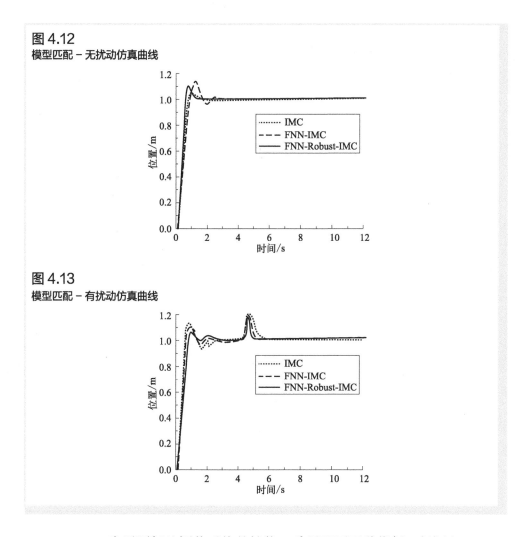

图 4.12
模型匹配 – 无扰动仿真曲线

图 4.13
模型匹配 – 有扰动仿真曲线

为了更好地评价系统的性能，采用以下两种指标：超调和 ISE。这两种指标结合起来可以综合评价系统的性能，超调指标可以评估系统的稳定性，ISE 改写可以评估系统的精确性，通过综合考虑这两个指标，可以得出一个更全面的评价系统性能的结果，控制系统性能指标对比表如表 4-2 所示。

图 4.14
模型失配－无扰动仿真曲线

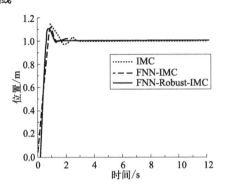

图 4.15
模型失配－有扰动仿真曲线

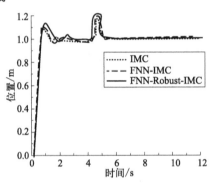

表 4-2　控制系统性能指标对比表

项目	设定值跟随特性				干扰抑制特性	
	模型匹配		模型失配		模型匹配	模型失配
	超调	ISE	超调	ISE	ISE	ISE
IMC	0.132	0.490	0.140	0.507	0.546	0.654
FNN-IMC	0.125	0.453	0.131	0.462	0.513	0.632
FNN-Roust-IMC	0.118	0.442	0.128	0.452	0.509	0.597

　　在阶跃输入作用下，超调量等于被调量的瞬时最大值减去稳态值（即偏差值）与稳态值之比，即超调量 = （峰值－稳态值）/ 稳态值 × 100%，其中，峰值是指系统响应曲线最高点所对应的数值，稳态值

是指系统在稳态下的输出值。由于传统内模控制、模糊神经网络与内模控制相结合算法、模糊神经网络与鲁棒内模控制相结合算法，这三种算法在数据处理时，对于峰值数据判断灵敏度是不同的，会造成超调量的数值不尽相同，但是在性能指标值中，过小的超调量可能导致系统响应不足，而过大的超调量可能会导致系统失稳。为了保证系统的响应速度和稳定性，需要适当控制超调量。所以在超调量的选择中，选取了 FNN-Roust-IMC 算法。

积分平方差英文缩写 ISE。准则的具体形式为 $\int_0^\infty \left[e(t)^2 \right] dt$，其中 $e(t)$ 表示实际输出与期望输出的偏差，t 为时间。在控制工程中，ISE 代表以能量消耗作为系统性能的评价指标。传统内模控制、模糊神经网络与内模控制算法、模糊神经网络与鲁棒内模控制算法，这三种算法比较，模糊神经网络与鲁棒内模控制算法可以将实际输入与期望输入之间的偏差降低到最小，此方法能够使系统更快地达到设定值，并且在控制过程中产生的超调量较小，提高了系统的稳定性，具有较好的抗干扰性能。能够更快地恢复到稳定状态，保证了系统的稳定性和可靠性。

本章小结

本章研究了单晶金刚石圆弧刀具刃磨振动控制方法。分析了影响刀具刃磨振动的相关工艺参数和扰动，针对刀具刃磨过程的特点，提出采用对刃磨过程不可测扰动具有较好控制效果的内模控制方法，控制刃磨过程刀具的振动。针对传统内模控制器滤波参数不变影响系统快速跟踪能力和对扰动抑制能力的缺点，采用将模糊控制和神经网络相结合的方法优化滤波器参数，通过模糊神经网络在线调节内模控制器滤波参数，进而提高控制效果。针对内模控制对控制输入饱和敏感以及当模型失配时影响跟踪性能的缺点，为了提高内模控制器的鲁棒性，提出了一种改进的内模控制方案，即将模糊神经网络与鲁棒内模控制相结合，对传统的内模控制器结构进行了改进，通过仿真分析，证明了该控制方法的可行性，达到了预期的控制效果。

单晶金刚石刀具
精准刃磨控制技术

第 5 章

单晶金刚石
刀具刃磨过程
控制系统

5.1 系统实现的总体思路

5.2 系统硬件组成

5.3 上位机监控界面设计

5.4 实验分析

本章小结

5.1

系统实现的总体思路

　　针对刀具刃磨过程中刀具振动信号受到噪声的严重干扰，采集到的状态信号常为具有一定噪声的非平稳信号这一问题，提出一种小波包改进阈值去噪方法，对信号进行去噪。仿真结果表明，该方法能够保留信号的边缘信息，避免了其他方法在去噪过程中引入的模糊效果。分析了刀具振动信号的能量谱和功率谱，得出刃磨过程刀具振动故障产生的频段信息。根据刀具刃磨施载机构的结构特点，对整个主轴刀具系统进行动力学分析，将理论分析和实验结合。基于杠杆原理，建立了步进电机关系模型、刃磨压力与力臂长度的关系模型、刃磨压力与刀具振动之间关系模型，最后将以上关系模型整合，得到步进电机力矩与刀具振动之间的数学关系。针对单晶金刚石刃磨过程中受多个工艺参数及不可测干扰因素影响这一问题，提出了一种基于FNN-Robust-IMC的刀具刃磨振动控制方法。仿真结果证明了该控制方法的可行性，该方法能有效解决控制器滤波参数固定不变降低系统性能、控制输入饱和敏感以及当模型失配时影响跟踪性能的缺点，提高了系统的自适应能力及鲁棒性。研制了单晶金刚石刀具刃磨振动控制系统，完成了系统硬件设计和软件设计，并利用LabVIEW软件编写了上位机监控界面，对刀具振动数据进行实时采集、处理、分析和控制。刃磨过程刀具振动控制技术路线如图5.1所示。

　　同时，采用刃磨过程中刀具AE信号和刀具振动信号作为特征信号，对采集到的刀具振动信号、声发射信号进行小波包改进阈值方法去噪处理，采用小波包分析法对振动信号进行时频分析，采用参数分析法对AE信号进行时域分析，从而确定表征刀具刃磨方向特征信号的特征参数，进而提出采用基于IPSO-RBF的刀具刃磨方向在线识别方法，建立特征参数向量与刃磨方向之间的非线性映射关系模型。在线识别刀具刃磨方向，以前述的刀具振动、AE信号特征与刃磨面晶向的映射规律为基础，构造了刀具刃磨方向的偏差函数，基于步进搜索法，在信号监测辅助下结合自寻优控制方法改进和优化了刃磨方向的调节方法。刃磨过程刀具方向在线识别及优化方法技术路线如图5.2所示。

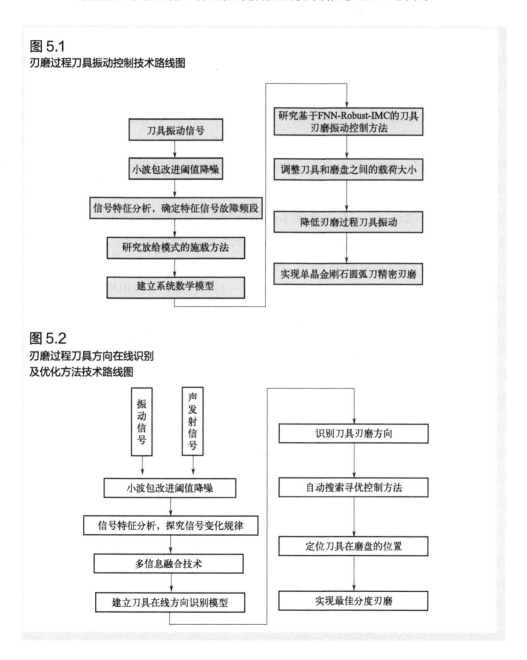

图 5.1
刃磨过程刀具振动控制技术路线图

图 5.2
刃磨过程刀具方向在线识别
及优化方法技术路线图

5.2
系统硬件组成

采用 DAP- Ⅵ型刃磨机进行实验研究，搭建了一套刃磨过程刀具振动信号测控系统，硬件由加速度振动传感器、信号放大电路①、压力传感器、信号放大电路②、自适应滤波电路、采集卡、工控机、驱动电路、载荷调整电机、按键电路、电源、显示电路、报警电路组成。振动传感器采用慧石测控有限公司生产的 A272C100 型传感器，采集刃磨过程刀具振动信号；压力传感器采用的斯巴拓 SBT760F 型传感器，采集刃磨过程刀具压力信号。信号通过放大器和信号调理器处理后，由数据采集卡采集到计算机中进行分析处理，数据采集卡采用阿尔泰公司生产的 USB8812 型高精度采集卡，上位机界面采用 LabVIEW2020 软件，通过数据采集卡将采集到的振动信号转换为数字信号并送入工控机进行处理分析和显示，并发出控制信号。控制信号经采集卡送至载荷调整电机驱动器，从而控制载荷调整电机移动配重在杠杆上的位置和控制刀具施加在磨盘上的刃磨载荷，从而减小刀具振动，减小刀具的钝圆半径和表面粗糙度，进而提升刀具刃磨质量。振动控制系统硬件组成框图如图 5.3 所示。

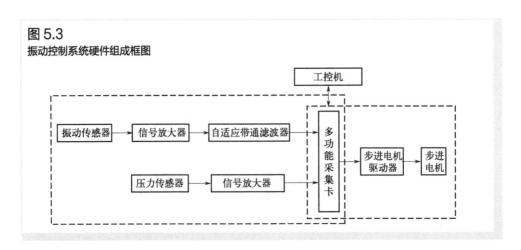

图 5.3
振动控制系统硬件组成框图

采用 DAP-Ⅵ 型刃磨机进行实验研究，搭建了一套振动、AE 信号采集及刀具刃磨方向优化系统。实验装置如图 5.4 所示。AE 传感器采用北京声华公司的 SR-800 型 AE 传感器，振动传感器采用慧石测控有限公司生产的 A272C100 型传感器，分别采集刃磨过程刀具 AE、振动信号。AE 传感器和振动传感器紧贴刀具刀柄处，传感器信号通过放大器和信号调理器处理后，由数据采集卡采集到计算机进行分析处理，数据采集卡采用阿尔泰公司生产的 USB8812 型高精度采集卡，上位机界面采用 LabVIEW2020 软件实现，通过数据采集卡将采集到的 AE、振动信号转换为数字信号并送入工控机进行处理分析和显示，并发出控制信号，经采集卡送至 x 轴步进电机驱动器和 y 轴步进电机驱动器，从而控制 x 轴、y 轴步进电机移动。

图 5.4
实验装置图

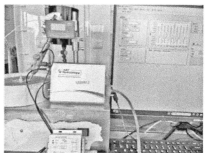

硬件由加速度振动传感器、AE 传感器、放大电路①、放大电路②、滤波电路①、滤波电路②、采集卡、工控机、下位机、驱动电路①、驱动电路②、x 轴直线电机、y 轴直线电机、按键电路、电源和显示电路组成。加速度振动传感器、放大电路①、滤波电路①、采集卡构成振动检测电路；AE 传感器、放大电路②、滤波电路②、采集卡构成 AE 检测电路；驱动电路①、驱动电路②、x 轴直线电机、y 轴直线电机构成执行电路。连接方式为加速度振动传感器与放大电路①连接，放大电路①和滤波电路①连接，滤波电路①和采集卡连接，

AE 传感器与放大电路②连接，放大电路②和滤波电路②连接，滤波电路②和采集卡连接，采集卡和工控机连接，工控机和下位机连接，下位机和驱动电路①、驱动电路②、按键电路、电源、显示电路连接，驱动电路①和 x 轴直线电机连接，驱动电路②和 y 轴直线电机连接，刀具方向在线识别及优化控制系统硬件组成框图如图 5.5 所示。

图 5.5
刀具方向在线识别及优化
控制系统硬件组成框图

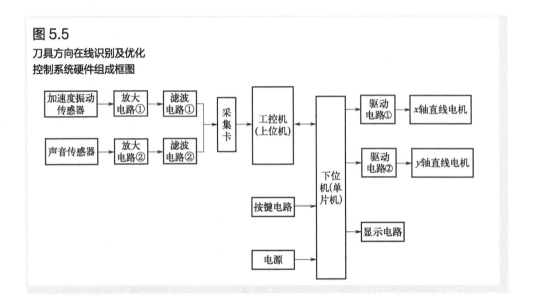

5.2.1
信号采集电路

在选择传感器时，应该综合考虑多个特性参数，以确保所选传感器能够满足需求。传感器的频率响应特性应与所需测量的信号频率范围匹配，选择一个适合特定频率范围的传感器对于准确测量非常重要。单晶金刚石刀具刃磨过程中的振动主要由刀具与工件的接触引起。由于刃磨过程中存在磨削力、冲击力和振动力等，因此会产生振动信号。这些振动信号通常是低频信号，频率范围一般在几十赫兹到几千赫兹之间。因此，在单晶金刚石刀具刃磨过程中，通常需要选择适合低频振动信号测量的传感器，以准确监测和分析刃磨过程中的振动情况。结合实际应用需求，选用的振动传感器是压电式加速度传感器（IEPE），型号为 A272C100。王宇健等人的研究结果表明，单晶金刚石刀具刃磨时声发射信号的频率主要在 400kHz 以内，其峰值都在 100kHz 以下。因此选用的 AE 传感器是 SR-800 型 AE 传感器。

（1）振动传感器 A272C100 详细介绍

IEPE 传感器是一种常用的加速度传感器，具有灵敏度高、噪声小、低频响应好、高频响应快等优点。它被广泛应用于汽车、航空、电力等领域，能够感知工业生产领域中的各种机械运动和振动现象。A272C100 传感器外形尺寸示意图如图 5.6 所示，A272C100 振动传感器主要技术指标如表 5-1 所示。

表 5-1　振动传感器的主要技术指标

参数	值
测量范围（峰值）	+50g
灵敏度（25℃）	100mV/g
频率响应（±1dB）	1 ～ 10000Hz
横向灵敏度比	≤ 5%
激励电压	18 ～ 28V（直流恒流源）
恒流源激励	2 ～ 10mA
满量程输出（峰值）	±5V
噪声	< 50μV

（2）AE 传感器详细介绍

SR-800 型 AE 传感器利用压电陶瓷的受激共振将 AE 信号的弹性应力波转化为电压信号，以便采集和分析。它的频率范围是 50 ～ 800kHz，谐振频率为 600kHz，频带很宽，能覆盖大部分声发射应用的频率范围，采集到的信号丰富而全面。接触面为陶瓷材料，外壳采用 SUS304。整体屏蔽设计，有效降低干扰，实物如图 5.7 所示。

图 5.6
加速度传感器外形图

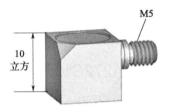

图 5.7
声发射传感器实物图

（3）压力传感器 SBT760F 详细介绍

根据刀具研磨状态，利用压力传感器 SBT760F 进行实时监测和测量。通过信号放大器将所测得的力信号放大，并传输给连接在一起的采集卡。采集卡负责接收和初步处理力传感器的数据，然后将处理后的数据传送至工控机。压力传感器 SBT760F 示意图如图 5.8 所示，压力传感器 SBT760F 性质如表 5-2 所示。

图 5.8
压力传感器 SBT760F
示意图

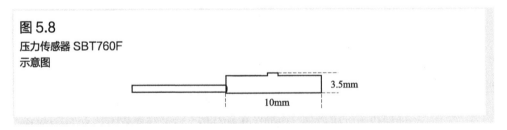

表 5-2 压力传感器 SBT760F 性质

参数	值	参数	值
量程	5，10，20，30，50，100	供电电压	5 ～ 12V（直流）

参数	值	参数	值
输出灵敏度	(1.0/2.0)±10% mV/V	额定温度范围	−10～40℃
零点输出	±0.2% F.S	使用温度范围	−20～60℃
非线性	0.5%～1% F.S	安全过载范围	120% F.S
重复性	0.3% F.S	极限过载范围	150% F.S
滞后	0.3% F.S	材料	不锈钢
温度对零点的影响	0.1%F.S/10℃	封装方式	封装
输入阻抗	350～10 Ω	输出阻抗	(350±5) Ω

注：F.S 表示满量程。

（4）选择 SBT760F 压力传感器权衡因素

① 测量范围 [94]：单晶金刚石刃磨压力所需测量的压力范围，SBT760F 压力传感器的测量范围能够满足需求。

② 响应时间：单晶金刚石刃磨压力对于传感器的响应时间有较高的要求，需要选择具有较快响应时间的传感器，所以选择 SBT760F 型压力传感器。

③ 环境适应性：传感器在不同的环境条件下的适应性也需要考虑，例如温度、湿度等。该传感器外壳是不锈钢或铝合金，防水性能好。

5.2.2
滤波电路

带通滤波器的原理如图 5.9 所示。f_L 为下限频率，f_H 为上限频率，f_0 为中心频率。带通滤波器工作时，f_L 和 f_H 之间的信号可以通过，其余的信号被滤掉。f_L、f_H、f_0、带通滤波器品质因数 Q、传递函数 $H_{BP}(s)$ 之间关系如下所示。

① 带通滤波下限频率 f_L 如式（5-1）所示。

$$f_L = f_0 \left(\frac{-1}{2Q} + \sqrt{\left(\frac{1}{2Q}\right)^2 + 1} \right) \tag{5-1}$$

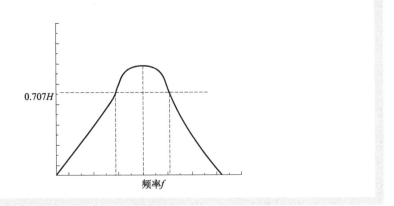

图 5.9
带通滤波器的原理

② 带通滤波上限频率 f_H 如式（5-2）所示。

$$f_H = f_0 \left(\frac{1}{2Q} + \sqrt{\left(\frac{1}{2Q}\right)^2 + 1} \right) \tag{5-2}$$

③ 带通滤波品质因数 Q 如式（5-3）所示。

$$Q = \frac{f_0}{f_H - f_L} \tag{5-3}$$

④ 带通滤波中心频率 f_0 如式（5-4）所示。

$$f_0 = \sqrt{f_L f_H} \tag{5-4}$$

⑤ 带通滤波传递函数 $H_{BP}(s)$ 如式（5-5）所示。

$$H_{BP}(s) = \frac{s}{s^2 + b_1 s + 1} \tag{5-5}$$

为了获得精确的同频不平衡振动信号，需要使用带通滤波器，其中心频率与采集信号频率匹配，并能跟随频率变化。通过使用跟踪滤波器，可以确保振动信号具有窄选通带和高信噪比。因此，在测试系统中，最佳选择是使用开关电容式滤波器来实现跟踪带通滤波功能。这样可以有效地提高信号的准确性和清晰度。

单晶金刚石刀具
精准刃磨控制技术

MF10CCN 模块包含两个 CMOS 的电容滤波器，通用性能良好。在电阻和外部时钟 f_{CLK} 的作用下，这两个滤波器可以实现多种二阶滤波器功能。每个滤波器都有三个输出端 LP_A、BP_A、$N/AP/HP_A$，分别对应低通滤波、带通滤波和全通/高通/陷波功能。这三种滤波模式分别对应三个不同的输出引脚，使得模块具有强大的滤波功能，能够满足不同的应用需求。

系统利用 MF10CCN 的带通滤波器工作模式，使用锁相环 50 倍频和开关电容滤波器对振动信号进行跟踪。开关电容带通滤波器的设计依赖于芯片的外置电阻和工作模式。在本系统中，采用了工作模式 1，其原理如图 5.10 所示，芯片引脚连接如图 5.11 所示。设计滤波器时，需要先确定 f_0、H_{CBP}、Q 的值，然后推算出其他元器件参数。采用工作模式 1 时，性能参数及计算方法如下所示。

① 中心频率 f_0 如式（5-6）所示。

$$f_0 = \frac{f_{CLK}}{100} \text{ 或 } \frac{f_{CLK}}{50} \tag{5-6}$$

② 带通滤波增益 H_{CBP} 如式（5-7）所示。

$$H_{CBP} = -\frac{R_3}{R_1} \tag{5-7}$$

③ 品质因数 Q 如式（5-8）所示。

$$Q = \frac{R_3}{R_1} \tag{5-8}$$

通过上述内容可知，根据 MF10CCN 带通滤波器参数和工作模式的计算方法，以及控制引脚的连接方式，可以通过将 50/100/CL（12）控制端接高电平 $f_{CLK}:f_0 = 50:1$ 来得到所需的四阶带通滤波器系统设计。

为了实现中心频率自适应跟踪带通滤波功能，采用了一种方法，即通过对时钟频率 f_{CLK} 的跟踪信号的变化实现中心频率 f_0 的相应改变。由于时钟脉冲和中心频率之比为特定值，为了将信号频率设置为带通滤波的中心频率，需要将时钟信号 50 倍频后再送入滤波器。为了实现这一步骤，设计了一个锁相环电路，由三片 7490 芯片与一个 CD4046 芯片构成，锁相环 50 倍频原理图如图 5.12 所示。这样，成功地实现了中心频率的自适应跟踪带通滤波功能。

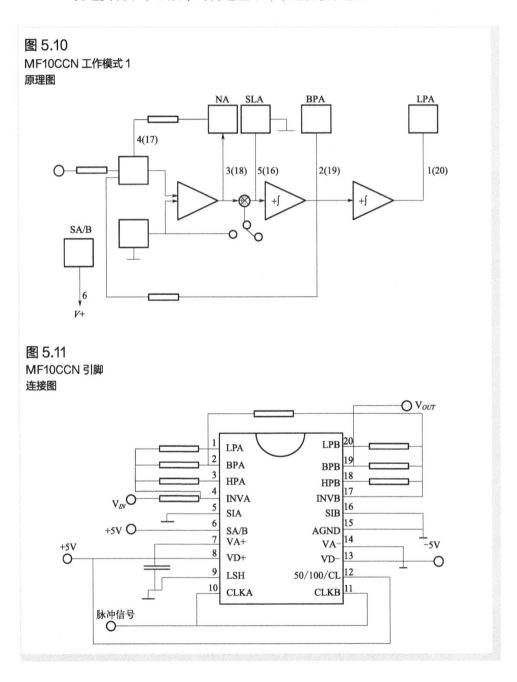

图 5.10
MF10CCN 工作模式 1
原理图

图 5.11
MF10CCN 引脚
连接图

单晶金刚石刀具
精准刃磨控制技术

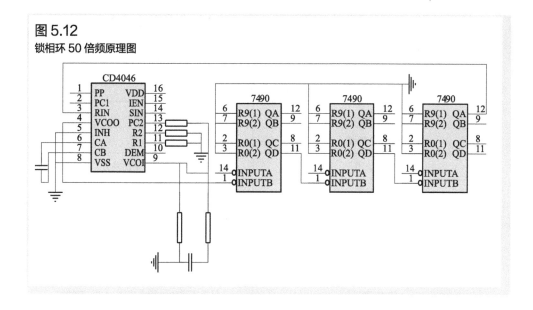

图 5.12

锁相环 50 倍频原理图

　　将 50 倍频锁相后的信号频率作为时钟脉冲频率，以脉冲信号作为时钟脉冲，能够保持跟踪转子转动频率的变化。这种方法实现了带通滤波器中心频率随信号频率变化而改变的效果。采样得到的信号频率成分将以采样信号频率为中心，具有一定的频率带宽范围。

　　使用硬件电路进行信号滤波可以有效去除截止频率以外和远离中心频率的信号，但对于接近截止频率和中心频率的信号滤除效果不佳，可能导致输出信号中存在无用信号。为了获得更精确的采集信号，必须在硬件滤波之后使用软件滤波，以精确提取出振动信号。

5.2.3
转换电路

　　USB8812 采集卡适用于各种高动态范围信号的采集，可广泛应用于机械设备与故障诊断、声学测量、振动、噪声、冲击等环境信号监测领域。它是一款功能强大的 USB 总线同步采集卡，具备 4 路差分模拟量输入功能，可接收 4mA 的电流输入，并支持 IEPE 激励。它采用 24 位 ADC 采样精度，实现高精度的信号转换，转换速率高达

216s，迅速准确地采集信号，USB8812 采集卡的主要参数表如表 5-3 所示。

表 5-3　USB8812 采集卡主要技术指标

参数	值
ADC 分辨率	24 位
输入通道	4 路差分 / 伪差分
输入量程	±11V、±5.5V、±2.2V、±1.1V
采样速率	8Hz ～ 216kHz
采样方式	同步采样
带宽	0.41× 采样速率
IEPE 激励	每个通道均支持 0 或 4mA 电流输出
校准方式	软件自动校准

5.2.4
执行电路

　　采用实验室现有 DAP-V1 型刃磨机进行试验研究，其转速范围在 0 至 3500r/min 之间，具有无级变速功能。单晶金刚石刀具在磨盘上刃磨位置的平面移动是通过 X、Y 的轴向运动来调整的。机床控制 X、Y 轴的变化改变刀具刃磨位置来改变刀具与磨盘接触面的刃磨方向，进而通过第 4 章分度刃磨过程刀具刃磨方向在线优化方法来寻找易磨方向以提高刀具的加工效率。

　　X、Y 轴的移动由步进电机控制。步进电机的运行速率和停止位置与电磁脉冲的频率和数量相关，而与刃磨压力变化无直接关联。每个电磁脉冲会使步进电机运行一个确定的角度步距。步进电机被选作系统驱动器的原因之一是它具有不会累积误差的特点。为了确保刀具的高质量刃磨，本文选择了功率为 500W、额定转速为 300r/min 的步进电机。该步进电机的转速精度小于 2%，步进电机的驱动控制器见

图 5.13 所示。步进电机是一种可以将电脉冲信号转换为角位移或线位移的工作电机。它接收电脉冲信号后，会移动一个步长或者转动一个步距角。正常工作时，步进电机的一周被分割成固定的布距角，即每一周有固定的布距角度。在工作时，步进电机的转速与电机驱动控制器给出的脉冲频率完全相关。电压波动和载荷的变化几乎不会影响步进电机的运行[95]。由于步进电机是由电机驱动控制的，驱动器提供的是数字信号，因此可以通过计算机直接控制电机驱动器，从而实现对步进电机的控制。

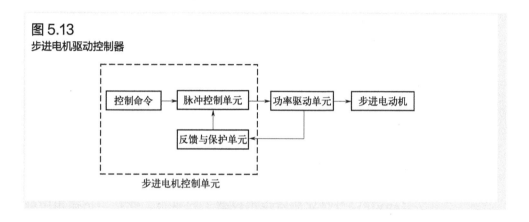

图 5.13
步进电机驱动控制器

5.3
上位机监控
界面设计

将采集到的振动信号数据以 Excel 文件的形式存储于计算机，采用 LabVIEW 软件创建数据显示界面，通过读取和处理所存储的数据显示单晶金刚石刀具刃磨相关采集信号的信息，便于刃磨时操作人员实时了解刀具刃磨过程，并根据采集的信息按照控制策略，发出对应的控制信号给执行机构，调整磨盘与刀具载荷大小，进而减小刃磨过程刀具的振动。LabVIEW 是一种实验室虚拟仪器工程平台[96]，其编程方式是通过拖动图标并连接它们来完成程序设计，与传统基于文本的开发语言有明显的区别。LabVIEW 具有独特的开发环境和操作方式，使得编程变得更加直观和容易理解。通过这种图形化的编程方式，用户可以更加快速地建立复杂的程序，并且可以更容易地进行调试和修改。

将采集到的振动、AE 信号数据以 Excel 文件的形式存储于计算机，采用 LabVIEW 软件搭建数据显示界面，通过读取和处理所存储的数据显示单晶金刚石刀具刃磨在线刃磨方向以及相关采集信号的信息，便于刃磨时操作人员实时了解刀具刃磨过程。并根据采集的信息按照优化方法，发出对应的控制信号给执行机构，调整刀具在磨盘上的刃磨位置，进而提高刀具的刃磨效率。

5.3.1
LabVIEW 简介

LabVIEW[97] 是实验室虚拟仪器工程平台。它是一个使用图标进行编程的开发环境。与传统的基于文本的开发语言（如 C、C++、Java 和 Basic）不同，LabVIEW 将表示不同功能节点的图标连接起来来实现预期的程序。除了作为一种编程语言外，LabVIEW 还是一个交互式的开发及运行系统，专为需要编程的工程师和科学家而设计，能在 Windows、MacOSX 和 Linux 等操作系统上运行。LabVIEW 给用户提供了一个友好的交互界面，并能控制下位机，实现数据的实时采集和储存等功能。本研究采用 LabVIEW2020 版本。

5.3.2
监控界面功能

单晶金刚石刀具刃磨振动在线测控系统的软件设计由以下几个部分组成：振动信号采集部分、压力信号采集部分、信号分析处理部分、查询系统、报警部分、控制部分，程序在图形化编程环境LabVIEW中设计完成，LabVIEW可以给用户提供一个友好的交互界面，并且能提供对下位机的控制、数据的实时采集以及储存等一系列的功能，部分功能如图5.14所示。

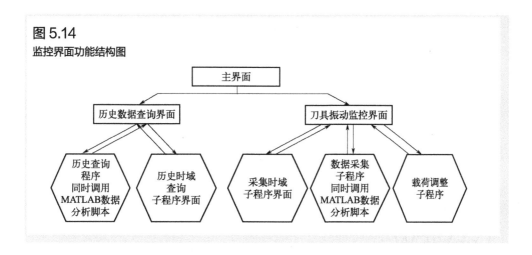

图5.14
监控界面功能结构图

单晶金刚石刀具刃磨方向在线识别系统的软件设计由以下几个部分组成：信号显示部分、信号分析处理部分、刃磨方向在线优化部分和查询部分。程序在图形化编程环境LabVIEW中设计完成，功能如下。

① 振动、AE信号显示部分：通过LabVIEW提供的接口，可以显示采集的振动信号并传输到信号分析处理部分。

② 信号分析处理部分：该部分负责对采集到的振动信号、AE信号和压力信号进行分析和处理，可以从时间域上观察信号的变化趋势和波形形状，从而了解压力信号工作状态和变化规律。

③ 刃磨方向在线优化部分：根据此时刀具刃磨方向和刃磨晶面给出x、y轴的建议调整量Δx、Δy。

④ 查询部分：用户可以查询历史记录、查看特定时间段的振动、AE信号的图形展示。

⑤ 振动信号采集部分：该部分负责通过传感器采集单晶金刚石

刀具刃磨过程中的振动信号。通过 LabVIEW 提供的接口，可以实时采集振动信号并传输到信号分析处理部分。

⑥ 压力信号采集部分：该部分负责通过传感器采集单晶金刚石刀具刃磨过程中的压力信号。通过 LabVIEW 提供的接口，可以实时采集压力信号并传输到信号分析处理部分。

⑦ 查询系统：该部分负责提供一个查询界面，用户可以通过该界面查询历史记录、查看特定时间段的振动信号和压力信号的图形展示等。通过 LabVIEW 提供的图形化编程环境，可以方便地设计和实现查询系统。

⑧ 载荷调整部分：该部分可以控制系统的刃磨载荷，通过调整刃磨载荷的大小来改变系统的响应和性能。这可以用于测试系统在不同刃磨载荷条件下的动态响应和稳定性。

5.3.3
LabVIEW
界面设计

（1）主界面设计

主界面如图 5.15 所示，有一个开启按钮和一个显示监测刀具磨损振动工作状态的按钮。当刀具出现故障时，刀具故障指示灯会变成红色，并且软件控制操作会出现。在界面的左侧，用户可以看到振动信号和压力传感器信号的曲线。查询系统中包含了时域曲线分析、频域曲线分析和文件储存路径等功能。采集卡设置部分则包括采样速率、采样模式和待读取点数等参数。这个软件控制系统提供了直观的界面和有用的功能，可以有效监测刀具磨损振动和处理故障。同时，还可以通过系统进行数据分析和存储。采集卡设置部分的灵活性允许根据不同需求进行调整。

（2）历史数据查询界面

当点击系统主界面上的历史数据读取按钮后，用户将进入历史数据查询界面，该界面如图 5.16 所示。这个界面的主要功能是对之前采集的数据进行深入分析。通过对既往数据的细致分析，用户能够更全面地了解刀具正常刃磨和故障刃磨的具体实时情况，从而能够更好地掌握整个控制系统中存在的问题，并从硬件方面进行改进和完善。

图 5.15
主界面

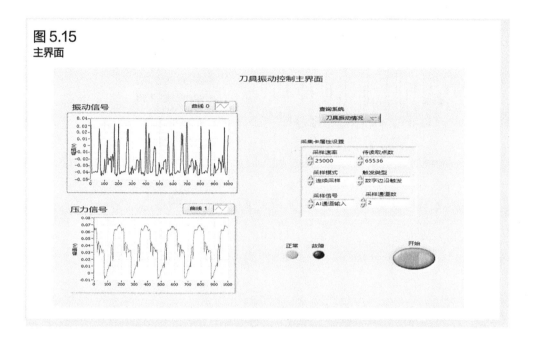

在界面的左侧，用户可以看到振动传感器和压力信号的显示。这些传感器能够实时采集刀具刃磨过程中的振动和压力数据，并将其显示在界面上。通过观察这些数据的变化，用户可以了解刀具刃磨过程中的振动和压力情况，以及其对刀具性能的影响。

而在界面的右侧，用户可以选择振动信号或压力信号，以便观察波形的上下左右移动。通过选择不同的信号类型，用户可以更加清晰地观察刀具刃磨过程中的振动和压力波形。这有助于用户更好地理解刀具刃磨过程中的动态变化，从而能够更准确地判断刀具的工作状态。

在界面的右下角，用户可以输入所需查询的时间。通过输入特定的时间范围，用户可以筛选出特定时间段内的历史数据，以便进行更加精确的分析和比较。这有助于用户找出指定时间段内刀具刃磨过程中存在的问题和变化趋势，为后续的改进和完善提供指导和依据。

图 5.16
历史数据查询界面

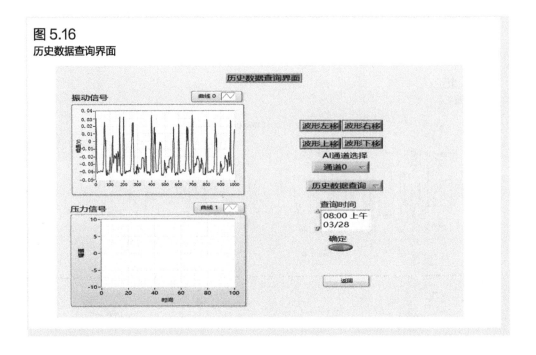

（3）刀具振动控制界面

点击主界面中的"刀具振动情况"，即可进入刀具振动控制界面，如图 5.17 所示。这个界面能够实时监测刀具振动的变化，并根据实际情况进行参数调整。当刀具振动超过设定的阈值时，界面会自动发出警报并停止刃磨机床的运行，以避免对刀具和机床造成损坏。这样的设计能够保证刀具的稳定性和加工质量。在刀具参数的控制子界面中，可以通过 LabVIEW 界面上的控制按钮来调整刃磨机床的参数，以减小刀具振动。为了实时监测刀具振动的变化，界面上会显示刀具振动的曲线图和数值。通过观察曲线图，可以了解刀具振动的波动情况，从而判断是否需要进行参数调整。同时，界面上也会显示当前的刀具振动数值，以便能够及时发现异常情况。根据实际情况进行参数调整是非常重要的。如果刀具振动过大，可能会导致切削力不稳定，进而影响加工质量和刀具寿命。因此，在刀具振动超过设定阈值时，需要及时调整刃磨机床的参数，以减小刀具振动，保证加工质量。

图 5.17
刀具振动控制界面

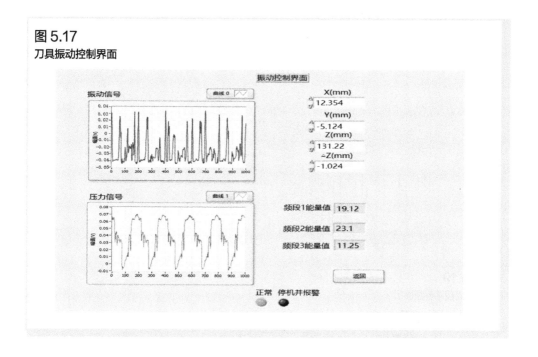

（4）刀具刃磨方向监测系统主界面

刀具刃磨方向监测系统主界面如图 5.18 所示。

按下界面最右侧的开始按钮，软件控制系统立即启动，开始监测刀具刃磨方向的实时状态。在最左侧，两条曲线分别实时显示获取到的振动、AE 信号波形图。主界面的右侧的组件是查询系统，若当前此监测优化系统正在工作，则按钮框里显示"实时工作状态"；若当前要分析过去工作的采集数据，则选择按钮框里的"历史数据查询"，进入历史数据查询界面；若当前要对刀具刃磨方向进行在线优化调节，则选择按钮框里的"刀具方向优化"，进入单晶金刚石刀具刃磨方向优化界面。根据所选择的工作状态，响应的主界面就会显示所选择工作状态的界面。除此之外它还有三种工作状态。主界面的程序框图面板如图 5.19 所示。

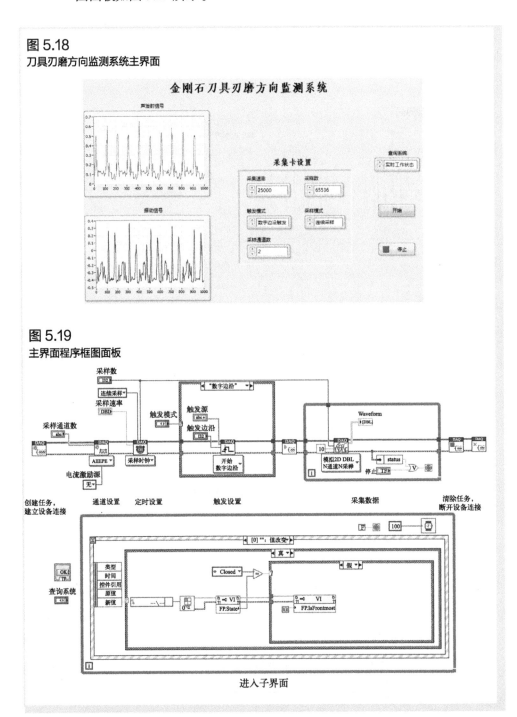

图 5.18
刀具刃磨方向监测系统主界面

图 5.19
主界面程序框图面板

单晶金刚石刀具
精准刃磨控制技术

（5）单晶金刚石刀具刃磨方向优化界面

点击图 5.20 系统主界面查询系统里的刃磨方向优化按钮后就可进入单晶金刚石刀具刃磨方向优化界面。

图 5.20
单晶金刚石刀具刃磨
方向优化界面

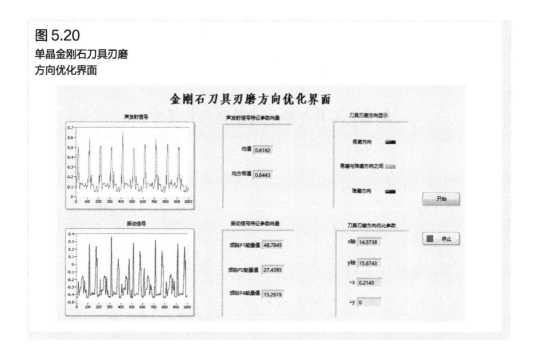

如图 5.20 所示，界面中间部分显示振动、AE 信号分析处理后的相关特征参数结果，经过第 3 章所述方法识别出此时刀具的刃磨方向，并在界面右侧进行显示。界面右下侧部分显示此时刀具所在机床 x 轴和 y 轴的坐标位置，并根据此时刀具刃磨方向和刃磨晶面给出 x、y 轴的建议调整量 Δx、Δy。实验结束，可按下界面最右侧的停止按钮进行保存数据。

（6）单晶金刚石刀具刃磨历史数据查询界面

点击图 5.21 系统主界面的历史数据查询按钮后就可进入数据查询界面。

如图 5.21 所示，该界面的主要功能是对历史数据进行分析。界面左侧显示查询数据，界面右侧是关于数据查询的两个按钮：

时间查询按钮可依照选择的历史时间段进行查询；自动查询按钮可以让波形往左或往右前行。速度控件可以控制信号的传输速度，速度范围在 0 ～ 5 之间。界面的中下半部分是时间查询所需要的参数输入。

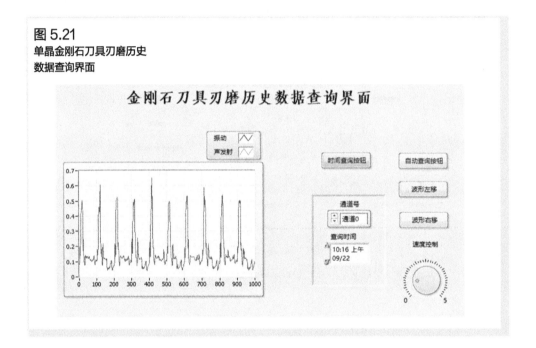

图 5.21
单晶金刚石刀具刃磨历史
数据查询界面

5.4
实验分析

5.4.1
采样间隔选择

在数字信号处理中，采样定理是解决确定采样间隔 Δt 和采样长度 T 的重要问题之一。采样速度指标即采样频率 f_s，较高的采样频率有助于数字信号更接近原信号，从而保证信号不丢失或扭曲原始信息，这也是满足实际要求的基本要求之一。奈奎斯特采样定理规定了带限信号不丢失信息的最低采样频率，即原信号中最高频率成分的 2 倍或更高。因此，在数字信号处理中，遵循奈奎斯特采样定理对于确保信号的准确重构和最小信息丢失非常重要。实验采样频率为 25000Hz。

5.4.2
测点选择

单晶金刚石刀具的振动信号测点选择应考虑以下几个因素：

① 刀具结构：振动信号测点应选择在刀具的关键部位，比如刀尖、刀身或刀柄等位置，以确保能够确定刀具的振动状态。

② 测点数量：根据需要获取的振动信息的多少，可以选择单个或多个测点进行测量。如果需要获得更全面的振动信息，建议选择多个测点进行测量。

③ 实际应用：振动信号的测点选择还应考虑实际应用的要求。如需要对刀具的磨损或破损进行监测，可以选择测点靠近刀具刃口的位置。

在振动信号检测过程中，通常选择了水平和轴向两个方向进行检测，将振动传感器安装在悬臂梁的垂直上方进行检测的方式，可以最大限度地捕捉振源的振动信号，同时减少干扰。通过这种安装方式，能够更准确地测量振动信号的传播和影响，为进一步分析提供了重要数据支持。

5.4.3
实验过程及结果

利用小波包改进阈值方法对振动信号进行分析处理，提取特征频段，并进行去噪重构，将实际值与给定值比较，如果偏差超过振动阈值，则退刀，如果偏差在振动阈值和正常值之间，则传输偏差值给模糊神经网络和鲁棒内模控制器，计算后输出控制信号给步进电机，通过调节配重块移动，调节刀具载荷大小，控制刀具振动，对研制的控制系统做了部分实验。

实验条件初始刃磨速度为 3.6m/s，初始进给速率为 0.1mm/r，刃磨初始压力为 3.6N。基于以上实验研究，对单晶金刚石圆弧刀具（100）晶面和（110）晶面进行实验研究，基于模糊神经网络与内模控制相结合控制算法，部分实验结果如表 5-4、表 5-5 所示，基于模糊神经网络与鲁棒内模控制相结合部分控制算法，部分实验结果如表 5-6、表 5-7 所示。

表 5-4　单晶金刚石刀具（100）晶面部分实验结果（1）

序号	刃口半径 /nm	表面粗糙度 /μm
1	132.3	0.546
2	133.6	0.552
3	132.5	0.549
4	131.9	0.538

表 5-5　单晶金刚石刀具（110）晶面部分实验结果（1）

序号	刃口半径 /nm	表面粗糙度 /μm
1	134.5	0.612
2	133.9	0.559
3	134.3	0.603
4	133.1	0.547

基于模糊神经网络与内模控制相结合方法可以将单晶金刚石刀具的（100）晶面刃口钝圆半径控制在 133.6nm 以内，刃口表面粗糙度控制在 0.552μm 以内。同时，也被应用到（110）晶面刃口上，其刃口钝圆半径控制在 134.5nm 以内，刃口表面粗糙度控制在 0.612μm 以内。刀具的刃口钝圆半径和表面粗糙度是刀具加工质量的重要指标，而这些指标受刃磨振动直接影响。因此，控制振动可以有效地控制刀具加工质量。

表 5-6　单晶金刚石刀具（100）晶面部分实验结果（2）

序号	刃口半径 /nm	表面粗糙度 /μm
1	132.1	0.553
2	133.4	0.545
3	132.3	0.550
4	131.8	0.537

表 5-7　单晶金刚石刀具（110）晶面部分实验结果（2）

序号	刃口半径 /nm	表面粗糙度 /μm
1	133.6	0.593
2	134.0	0.564
3	133.8	0.612
4	132.9	0.536

通过结合模糊神经网络和鲁棒内模控制的方法，可以将单晶金刚石刀具的（100）晶面刃口钝圆半径限制在 133.4nm 范围内，并将刃口表面粗糙度控制在 0.553μm 以内。这种方法同样适用于（110）晶面刃口，可以将其刃口钝圆半径控制在 134.0nm 以内，刃口表面粗糙度控制在 0.612μm 以内。通过控制刃磨振动可以有效地控制刀具的加工质量。减少刃口钝圆半径和刀具表面粗糙度，可以提高刀具的精度，从而改善加工的质量和效率。

本章小结

本章研制了刀具分度刃磨方向识别及优化控制系统。给出了系统实现的总体思路及技术路线，搭建了系统硬件平台，介绍了振动、AE 传感器及采集卡的技术指标及性能，给出了执行机构的设计方案。将采集到的振动、AE 信号数据以 Excel 文件的形式存储于计算机，采用 LabVIEW 软件搭建了上位机监控界面，为信号的采集处理分析、刃磨过程刀具方向在线识别、刃磨过程刀具方向在线优化提供了软硬件平台。

参考文献

［1］史少华，樊文刚，叶佩青，等. 基于 RT-Linux 的聚晶金刚石刀具五轴电火花刃磨数控系统［J］. 应用基础与工程科学学报，2014，22（01）：179-188.

［2］周天剑，杜文浩，雷大江，等. 单晶金刚石刀具刃磨特点的研究［J］. 工具技术，2007，41（04）：35-38.

［3］Cui Z，Li G，Zong W. A polishing method for single crystal diamond（100）plane based on nano silica and nano nickel powder［J］. Diamond and Related Materials，2019，95：141-153.

［4］谢文良. 单晶金刚石 MPCVD 外延生长的关键问题研究［D］. 长春：吉林大学，2023.

［5］韩鑫. 纳米聚晶金刚石刀具的化学机械抛光技术研究［D］. 秦皇岛：燕山大学，2023.

［6］赵金鹏. 基于切削刃显微组织界面支撑的纳米聚晶金刚石刀具机械抛光技术研究［D］. 秦皇岛：燕山大学，2023.

［7］胡和平，丁朝俊. 飞秒激光对单晶金刚石刀具表面的加工［J］. 科技资讯，2020，18（09）：38-39.

［8］夏志辉. 天然金刚石刀具刃磨技术及设备研究［D］. 大连：大连理工大学，2006.

［9］李智，马勇，张弘弢. 单晶金刚石研磨效率试验分析［J］. 金刚石与磨料磨具工程，2003，（05）：31-34.

［10］袁哲俊，王先逵. 精密和超精密加工技术［M］. 北京：机械工业出版社，2007.

［11］颜认，马改，陈小丹，等. 单晶金刚石刀具机械刃磨技术进展［J］. 工具技术，2016，50（09）：8-11.

［12］Kim B Y，Lee J S，Kim K R，et al. Development of ion beam sputtering technology for surface smoothing of materials［J］. Nuclear Instruments and Methods in Physics Research Section B：Beam Interactions with Materials and Atoms，2007，261（1-2）：682-685.

［13］李智. 单晶金刚石研磨方法与机理的研究［D］. 大连：大连理工大学，2004.

［14］Li H，Dong B，Zhang X，et al. Disposable ultrasound-sensing chronic cranial window by soft nanoimprinting lithography［J］. Nature Communications，2019，10（1）：4277.

［15］龚维纬，王伟，雷大江，等. 金刚石刀具刃磨技术发展现状［J］. 工具技术，2019，53（8）：3-9.

［16］焦可如，黄树涛，周丽，等. CVD 金刚石膜抛光技术综述［J］. 中国机械工程，2011，22（1）：8.

［17］Zhao Y, Liu H, Yu T, et al. Fabrication of high hardness microarray diamond tools by femtosecond laser ablation［J］. Optics & Laser Technology, 2021, 140: 107014.

［18］吴百融, 薛常喜. 机械研磨单晶金刚石刀具前刀面精度［J］. 金刚石与磨料磨具工程, 2019, 39（02）: 21-25.

［19］宗文俊. 高精度金刚石刀具的机械刃磨技术及其切削性能优化研究［D］. 哈尔滨: 哈尔滨工业大学, 2008.

［20］雷大江, 夏志辉, 何建国. 高精度金刚石刀具研磨关键技术研究［J］. 制造技术与机床, 2011,（11）: 139-141.

［21］宋坚. 金刚石刀具晶体定向技术的研究［J］. 航天工艺, 1997,（01）: 5-11.

［22］唐海跃, 张文杰, 杨晓明, 等. 铁电单晶三维定向的X射线衍射方法［J］. 人工晶体学报, 2023, 52（9）: 1576-1581.

［23］周天剑. 天然金刚石刀具刃磨过程的监测技术研究［D］. 绵阳: 中国工程物理研究院, 2007.

［24］杜文浩. 金刚石刀具研磨声发射信号的处理表征与实验研究［D］. 哈尔滨: 哈尔滨工业大学, 2015.

［25］Wang L, Li X, Shi B, et al. Analysis and selection of eigenvalues of vibration signals in cutting tool milling［J］. Advances in Mechanical Engineering, 2022, 14（1）: 16878140221075197.

［26］任振华. 基于振动信号的PCB微钻刀具磨损状态监测研究［D］. 上海: 上海交通大学, 2012.

［27］高明宝. 金刚石研磨过程振动信号分析及信号特征识别研究［D］. 广州: 广东工业大学, 2011.

［28］Bouchama R, Bouhalais M L, Cherfia A. Surface roughness and tool wear monitoring in turning processes through vibration analysis using PSD and GRMS［J］. The International Journal of Advanced Manufacturing Technology, 2024, 130（7）: 3537-3552.

［29］倪留强. 光栅刻划刀具刃磨振动在线监测及控制技术研究［D］. 长春: 长春工业大学, 2016.

［30］李令, 阎秋生, 李锴, 等. 基于声发射信号的带材剪切刀具磨损在线监测方法［J］. 机电工程, 2023, 40（07）: 1102-1111.

［31］吴兵. 基于声发射监测的金刚石刀具圆弧波纹度控制技术研究［D］. 哈尔滨: 哈尔滨工业大学, 2019.

［32］Huang W, Li Y, Wu X, et al. The wear detection of mill-grinding tool based on acoustic emission sensor [J]. The International Journal of Advanced Manufacturing Technology, 2023, 124 (11): 4121-4130.

[33] Mirad M M, Das B. Machine learning coupled with acoustic emission signal features for tool wear estimation during ultrasonic machining of Inconel 718 [J]. Machining Science and Technology, 2024, 28 (2): 119-142.

[34] 刘强, 张海军, 刘献礼, 等. 智能刀具研究综述 [J]. 机械工程学报, 2021, 57 (21): 248-268.

[35] 金英博. 铣削508Ⅲ钢刀具磨损预测及切削参数优化研究 [D]. 哈尔滨: 哈尔滨理工大学, 2024.

[36] 孙晶, 赵民编. 石材加工过程中金刚石刀具磨损监测 [J]. 石材, 2017, (08): 19-21.

[37] Wu L, Sha K, Tao Y, et al. A Hybrid Deep Learning Model as the Digital Twin of Ultra-Precision Diamond Cutting for In-Process Prediction of Cutting-Tool Wear [J]. Applied Sciences, 2023, 13 (11): 6675.

[38] 高鸣, 贾辉, 卿涛, 等. 基于BiLSTM的铣刀磨损状态监测模型 [J]. 工具技术, 2023, 57 (12): 139-143.

[39] 申望, 徐继泽, 费少华, 等. 基于主轴电流小波变换的刀具磨损状态监测 [J]. 航空制造技术, 2023, 66 (12): 133-139.

[40] 武滢. 基于主轴电流信号多特征融合的刀具磨损状态监测 [J]. 制造技术与机床, 2022, (03): 44-48.

[41] Li G, Fu Y, Chen D, et al. Deep anomaly detection for CNC machine cutting tool using spindle current signals [J]. Sensors, 2020, 20 (17): 4896.

[42] 曹梦龙, 甄开起. 结合时空特征的多传感器刀具磨损监测 [J]. 组合机床与自动化加工技术, 2024, (02): 125-129.

[43] 汪鑫, 廖小平, 刘树胜, 等. 多传感器融合下多工况刀具磨损状态预测的深度森林方法研究 [J]. 仪器仪表学报, 2023, 44 (09): 265-274.

[44] Karabacak Y E. Intelligent milling tool wear estimation based on machine learning algorithms [J]. Journal of Mechanical Science and Technology, 2024, 38 (02): 835-850.

[45] 杜文浩. 金刚石刀具研磨压力自适应控制技术研究 [D]. 绵阳: 中国工程物理研究院, 2008.

[46] 张源江. 针对分子测量机的高精度主动隔振技术研究 [D]. 哈尔滨: 哈尔滨工业大

学, 2013.

[47] Lin W, Lu Z, Yang F, et al. Analysis and research on bit rigidity of carbon fiber composite vibration drilling [J]. Journal of Nanoelectronics and Optoelectronics, 2022, 17 (11): 1435-1439.

[48] Lu M, Wang H, Zhao D, et al. Improved differential evolutionary algorithm for nonlinear identification of a novel vibration-assisted swing cutting system [J]. International Journal of Adaptive Control and Signal Processing, 2019, 33 (7): 1066-1078.

[49] Wen K, Qi H. Stability prediction in high-speed milling process considering the milling force coefficients dependent on the spindle speed [J]. Journal of Advanced Manufacturing Systems, 2014, 13 (04): 247-255.

[50] Zenkour A M, El-Shahrany H D. Hygrothermal vibration of adaptive composite magnetostrictive laminates supported by elastic substrate medium [J]. European Journal of Mechanics-A-Solids, 2021, 85: 104140.

[51] 周京博, 李增强, 王亚奇, 等. 微圆弧金刚石刀具刀尖圆弧的测量及评价 [J]. 纳米技术与精密工程, 2013, 11 (4): 7.

[52] 吴百融. 超精密光学加工中圆弧刃金刚石刀具的刃磨技术研究 [D]. 长春: 长春理工大学, 2019.

[53] 马书娟, 王奔, 郑耀辉, 等. 刃口钝圆半径对硬质合金刀具性能的影响 [J]. 沈阳建筑大学学报 (自然科学版), 2019, 35 (05): 937-944.

[54] 徐有峰, 周飞翔, 卞荣, 等. PCD 刀具车削氧化锆陶瓷表面粗糙度及刀具磨损试验研究 [J]. 工具技术, 2023, 57 (05): 54-58.

[55] Saleem M Q, Mehmood A. Eco-friendly precision turning of superalloy Inconel 718 using MQL based vegetable oils: tool wear and surface integrity evaluation [J]. Journal of Manufacturing Processes, 2022, 73: 112-127.

[56] Sen B, Mia M, Mandal U K, et al. Synergistic effect of silica and pure palm oil on the machining performances of Inconel 690: A study for promoting minimum quantity nano doped-green lubricants [J]. Journal of Cleaner Production, 2020, 258: 120755.

[57] 任泓锦. 基于 EEG-NIRS 情绪调节机制及脑机接口应用研究 [D]. 昆明: 昆明理工大学, 2020.

[58] 徐精诚, 连增, 董佳琪, 等. 基于小波包分解重构算法的北斗抗多路径误差 [J]. 科学技术与工程, 2022, 22 (35): 15477-15484.

[59] 徐卓, 王辉, 杨晓峰, 等. 改进小波阈值函数降低发动机冷试噪声测试仿真 [J]. 内

燃机与动力装置, 2024, 41 (01): 50-57.

［60］尚志超, 赵冬梅. 基于振动分析的造纸机械故障诊断及监测研究［J］. 造纸科学与技术, 2024, 43 (01): 111-114.

［61］周黎, 杨世洪, 高晓东. 步进电机控制系统建模及运行曲线仿真［J］. 电机与控制学报, 2011, 15 (1): 6.

［62］吉日嘎兰图, 李晓天, 刘凯, 等. 基于杠杆模式施载的圆弧刃光栅刻画刀具刃磨机床研制［J］. 机械工程学报, 2016, 52 (9): 7.

［63］Ye W, Liu W, Luo W, et al. Calibration-free near-infrared methane sensor system based on BF-QEPAS［J］. Infrared Physics and Technology, 2023, 133: 104784.

［64］卢金娜. 基于优化算法的径向基神经网络模型的改进及应用［D］. 太原: 中北大学, 2015.

［65］黄思思, 王杰, 胡茂琴, 等. 基于改进的径向基神经网络刀具磨损识别方法［J］. 组合机床与自动化加工技术, 2019, (03): 81-83.

［66］李建伟, 刘成波, 郭宏, 等. 基于PSO-RBF神经网络的刀具寿命预测［J］. 计算机系统应用, 2022, 31 (01): 309-314.

［67］张继红. 基于RBF神经网络滑模控制的卷纸纠偏系统［J］. 中国造纸学报, 2024, 39 (01): 107-113.

［68］孙留存, 胡从川, 钱大龙. 基于WSN的旋转机械设备故障时频监测方法［J］. 机械与电子, 2024, 42 (03): 76-80.

［69］Jiang C, Wang H, Yang Y, et al. Construction and simulation of failure distribution model for cycloidal gears grinding machine［J］. IEEE Access, 2022, 10: 65126-65140.

［70］汪雨晴, 赵庆贺. 模拟退火优化的径向量核支持向量回归算法在人工嗅觉系统的应用［J］. 仪表技术与传感器, 2022, (07): 111-116.

［71］刘海林, 王庭有. 改进GA-RBF神经网络的水厂混凝投药预测［J］. 供水技术, 2024, 18 (01): 40-45.

［72］李友云, 王中恩, 张彪. 基于ICA-RBF神经网络的沥青混合料疲劳性能预测［J］. 山东交通学院学报, 2020, 28 (01): 40-45.

［73］Mahmood J, Mustafa G, Ali M. Accurate estimation of tool wear levels during milling, drilling and turning operations by designing novel hyperparameter tuned models based on LightGBM and stacking［J］. Measurement, 2022, 190: 110722.

［74］Li M F, Hu H, Zhao L T. Key factors affecting carbon prices from a time-varying perspective［J］. Environmental Science and Pollution Research, 2022, 29（43）: 65144-65160.

［75］Wang T, Shao P, Liu S, et al. A multi-mechanism particle swarm optimization algorithm combining hunger games search and simulated annealing［J］. IEEE Access, 2022, 10: 116697-116708.

［76］谢永斌, 罗忠, 胡保生. 自寻最优控制原理及其方法［J］. 西安工业学院学报, 1996, 16（02）: 100-104.

［77］李跃磊, 王武, 胡万强. 自动控制原理实验教学的步进法探索［J］. 实验技术与管理, 2009, 26（06）: 137-138.

［78］Macerol N, Franca L, Attia H, et al. A lapping-based test method to investigate wear behaviour of bonded-abrasive tools［J］. CIRP Annals, 2022, 71（1）: 305-308.

［79］陈刚. 单晶蓝宝石基片抛光工艺研究进展［J］. 工具技术, 2018, 52（3）: 3-9.

［80］Zeng W, Zhu W, Hui T, et al. An IMC-PID controller with particle swarm optimization algorithm for MSBR core power control［J］. Nuclear Engineering and Design, 2020, 360: 110513.

［81］李燕军, 张敏, 刘洋, 等. 改进的内模控制在机载激光通信系统的应用［J］. 激光与光电子学进展, 2023, 60（1）: 0106007.

［82］张敏, 张井岗, 赵志诚, 等. 交流调速系统的单神经元自适应内模控制［J］. 电机与控制学报, 2009, 13（2）: 227-231.

［83］庄璐. 大功率交流电弧炉智能解耦控制器的研究［D］. 西安: 西安理工大学, 2008.

［84］张鹏. 重金属对磷酸铵镁结晶过程及其产物纯度的影响研究［D］. 秦皇岛: 燕山大学, 2018.

［85］Zhang Y, Qin C. A gaussian-shaped fuzzy inference system for multi-source fuzzy data ［J］. Systems, 2022, 10（6）: 258.

［86］李书巳. 模糊控制基本原理与实现方法研究［J］. 数字技术与应用, 2015,（5）: 1.

［87］孟建军, 王终军, 郭佑民, 等. 基于模糊神经网络的列车垂向悬挂控制器研究［J］. 铁道机车车辆, 2023, 43（4）: 1-8.

［88］Zhou H, Zhao H, Zhang Y. Nonlinear system modeling using self-organizing fuzzy neural networks for industrial applications［J］. Applied Intelligence, 2020, 50（5）: 1657-1672.

［89］文新宇, 张井岗, 赵志诚. 模糊神经网络内模控制［J］. 中南大学学报: 自然科学版, 2003（z1）: 225-229.

［90］宁楠，马海涛. 污水处理曝气过程溶解氧浓度模糊自整定 PID 控制［J］. 长春工业大学学报：自然科学版，2019，40（4）：7.

［91］Bin M, Astolfi D, Marconi L. About robustness of control systems embedding an internal model［J］. IEEE Transactions on Automatic Control, 2020, 68（3）：1306-1320.

［92］Liu S, Feng J, Wang Q, et al. Adaptive consensus control for a class of nonlinear multi-agent systems with unknown time delays and external disturbances［J］. Transactions of the Institute of Measurement and Control, 2022, 44（10）：2063-2075.

［93］Yang Y, Dong XC, Wu ZQ, et al. Disturbance-observer-based neural sliding mode repetitive learning control of hydraulic rehabilitation exoskeleton knee joint with input saturation［J］. International Journal of Control, Automation and Systems, 2022, 20（12）：4026-4036.

［94］郑志霞，冯勇建. MEMS 接触电容式高温压力传感器的温度效应［J］. 电子测量与仪器学报，2013，27（12）：1141-1147.

［95］Hong C, Ren Z, Wang C, et al. Magnetically actuated gearbox for the wireless control of millimeter-scale robots［J］. Science Robotics, 2022, 7（69）：eabo4401.

［96］Bhattacharyya R, Sahu S, Sahu PK. Remote data acquisition with wireless communication for a quad-GEM detector［J］. Journal of Instrumentation, 2022, 17（02）：T02001.

［97］王蓝蓝，王皓，王亚鑫，等. 基于 LabVIEW 的生物质锅炉进料口监控系统设计［J］. 农技服务，2024，41（01）：60-64.